हिन्दुओं के तीज-त्योहार

तीज-त्योहारों की धार्मिक पृष्ठभूमि, उसकी महत्ता एंव पूजा के विधि- विधान सहित

लेखक
डॉ. प्रकाशचंद्र गंगराड़े

वी एण्ड एस पब्लिशर्स

प्रकाशक

वी एण्ड एस पब्लिशर्स

F-2/16, अंसारी रोड, दरियागंज, नई दिल्ली-110002
☎ 23240026, 23240027 • *फैक्स:* 011-23240028
E-mail: info@vspublishers.com • *Website:* www.vspublishers.com

क्षेत्रीय कार्यालय : हैदराबाद
5-1-707/1, ब्रिज भवन (सेन्ट्रल बैंक ऑफ इण्डिया लेन के पास)
बैंक स्ट्रीट, कोटी, हैदराबाद-500 095
☎ 040-24737290
E-mail: vspublishershyd@gmail.com

शाखा : मुम्बई
जयवंत इंडस्ट्रिअल इस्टेट, 2nd फ्लोर - 222,
तारदेव रोड अपोजिट सोबो सेन्ट्रल मॉल, मुम्बई - 400 034
☎ 022-23510736
E-mail: vspublishersmum@gmail.com

फ़ॉलो करें:

हमारी सभी पुस्तकें **www.vspublishers.com** पर उपलब्ध हैं

महान् कथन

❑ उपवास से बढ़कर तप नहीं है।

– महाभारत, अनुशासन पर्व

❑ उपवास करने से चित्त अन्तर्मुख होता है, दृष्टि निर्मल होती है और देह हलकी बनी रहती है।

– काका कलेलक/जीवन सा.25

❑ उपवास सभी रोगों में सुधार की सबसे प्रभावशाली विधि है।

– डॉ. एडाल्फ मेयर

❑ व्रत में अपार शक्ति होती है, क्योंकि उसके पीछे मनोवैज्ञानिक दृढ़ता होती है। कोई भी व्रत लेना बलवान का काम है, निर्बल का नहीं।

– महात्मा गांधी

❑ बिना श्रद्धा से किया हुआ शुभ कर्म असत् कहलाता है। वह न तो इस लोक में लाभदायक होता है, न मरने के बाद परलोक में।

– श्रीमद्भगवद्गीता 17/28

❑ नेत्र, कोष्ठ, प्रतिश्याय, ज्वर आदि की अवस्थाओं में आहार का पूर्ण परित्याग करने अथवा स्वल्प आहार लेने से आशातीत लाभ मिलता है, दोनों का पाचन हो जाता है।

– चरक संहिता

❑ उपवास विजय एवं वासना के विकारों से निवृत्ति का सर्वश्रेष्ठ साधन है।

– श्रीमद्भगवद्गीता 2/59

❑ कार्तिक मास में जो कोई भी मानव प्रातः काल में सूर्योदय से पूर्व नित्यस्नान किया करता है, वह इतना पुण्य का भागी हो जाता है, जैसा कोई संपूर्ण तीर्थ स्थानों में स्नान करने वाला हुआ करता है।

– पद्म पुराण कार्तिक माहात्म्य/11

❑ हजारों घड़े अमृत से नहलाने पर भी भगवान् श्री हरि को उतनी तृप्ति नहीं होती है, जितनी वे मनुष्यों के तुलसी का एक पत्ता चढ़ाने से प्राप्त करते हैं।

– ब्रम्हावैवर्त पुराण/प्रकृति खण्ड 21/40

❑ कोई अपवित्र हो या पवित्र, किसी भी अवस्था में क्यों न हो, जो कमलनयन भगवान् का स्मरण करता है, वह बाहर और भीतर से सर्वथा पवित्र हो जाता है।

– ब्रम्हावैवर्त पुराण/ब्रम्हाखण्ड 17/17

हिन्दू पंचांग के अनुसार
विक्रमी संवत् और उनके समानान्तर ईसवी सन् के माह

विक्रमी संवत्	ईसवी सन्	विक्रमी संवत्	ईसवी सन्
1. चैत्र	मार्च/अप्रैल	7. आश्विन/क्वार	सितंबर-अक्टूबर
2. वैशाख/बैसाख	अप्रैल-मई	8. कार्तिक	अक्टूबर-नवंबर
3. ज्येष्ठ	मई-जून	9. मार्गशीर्ष/अगहन	नवंबर-दिसंबर
4. आषाढ़	जून-जुलाई	10. पौष	दिसंबर-जनवरी
5. श्रावण/सावन	जुलाई-अगस्त	11. माघ	जनवरी-फरवरी
6. भाद्रपद/भादों	अगस्त-सितंबर	12. फाल्गुन/फागुन	फरवरी-मार्च

कृष्ण पक्ष तथा शुक्ल पक्ष

हिन्दू-पंचांग के अनुसार हर माह के 15-15 दिन के दो पक्ष होते हैं। पहले 15 दिन के पक्ष को कृष्णपक्ष तथा दूसरे 15 दिन के पक्ष को शुक्लपक्ष कहते हैं। क्रमानुसार दोनों पक्षों के दिनों को निम्नलिखित नाम दिए गए हैं-

1. प्रतिपदा : प्रथम दिन (कृष्णपक्ष या शुक्लपक्ष दोनों का)
2. द्वितीया/दूज : दूसरा दिन (कृष्णपक्ष या शुक्लपक्ष दोनों का)
3. तृतीया/तीज : तीसरा दिन (कृष्णपक्ष या शुक्लपक्ष दोनों का)
4. चतुर्थी/चौथ : चौथा दिन (कृष्णपक्ष या शुक्लपक्ष दोनों का)
5. पंचमी : पांचवां दिन (कृष्णपक्ष या शुक्लपक्ष दोनों का)
6. षष्ठी/छठ : छठा दिन (कृष्णपक्ष या शुक्लपक्ष दोनों का)
7. सप्तमी : सातवां दिन (कृष्णपक्ष या शुक्लपक्ष दोनों का)
8. अष्टमी : आठवां दिन (कृष्णपक्ष या शुक्लपक्ष दोनों का)
9. नवमी : नौवां दिन (कृष्णपक्ष या शुक्लपक्ष दोनों का)

10. दशमी : दसवां दिन (कृष्णपक्ष या शुक्लपक्ष दोनों का)

11. एकादशी/ग्यारस : ग्यारहवां दिन (कृष्णपक्ष या शुक्लपक्ष दोनों का)

12. द्वादशी/बारस : बारहवां दिन (कृष्णपक्ष या शुक्लपक्ष दोनों का)

13. त्रयोदशी/तेरस : तेरहवां दिन (कृष्णपक्ष या शुक्लपक्ष दोनों का)

14. चतुर्दशी/चौदस : चौदहवां दिन (कृष्णपक्ष या शुक्लपक्ष दोनों का)

15. अमावस्या/अमावस : पंद्रहवां दिन (कृष्णपक्ष का पंद्रहवां या अंतिम दिन)

16. पूर्णिमा/पूनम : पंद्रहवां दिन (शुक्लपक्ष का पंद्रहवां दिन अथवा माह का अंतिम दिन)

स्वकथन

किसी ने गांधीजी से पूछा – 'हमारे यहां इतने अधिक व्रत, त्योहार मनाए जाते हैं, फिर भी लोग सुखी क्यों नहीं हैं?' इस पर गांधीजी ने कहा – 'लोग व्रत, त्योहार नहीं मनाते, लकीर पीटते हैं। हमारे व्रत और त्योहारों में से अगर कोई एक भी व्रत की अच्छी तरह मना ले, तो उसका जीवन धन्य हो जाए और समाज का भी बेड़ा पार हो जाए।'

इसमें कोई संदेही नहीं कि मनुष्य का भगवान् की शरण लेना, उसके सामने मनौतियां मानकर उसकी पूजा व आराधना करना, व्रत रखना, उनका गुणगान करना और सुनना, इन सबके पीछे उसके जीवन को सुख-दुःख का मिश्रण मानना ही है। चूंकि प्रत्येक व्रत एवं त्योहार का संबंध किसी-न-किसी देवी देवता से अवश्य होता है, इसलिए भक्तों के मनोरथ तभी सफलतापूर्वक पूर्ण होते हैं, जब वे उन्हें विश्वासपूर्वक श्रद्धा-भक्ति के साथ विधि-विधान से संपन्न करते हैं। मात्र दिखावे के लिए किए गए व्रत का असफल होना यही दर्शाता है।

हमारे तत्त्ववेत्ता, ऋषि-महर्षियों ने प्राचीनकाल से व्रत, त्योहारों की रचना इसी प्रयोजन के लिए की थी कि समाज को समुन्नत और सुविकसित करने के लिए लोगों में जागृति, सद्‌भावना, सामूहिकता, ईमानदारी, एकता, कर्त्तव्यनिष्ठा, परमार्थ परायणता, लोकमंगल, देशभक्ति जैसी सत्प्रवृत्तियों का विकास हो और वे सुसंस्कृत, शिष्ट व सुयोग्य नागरिक बन सकें। इस प्रकार देखें तो इनके पीछे समाज निर्माण की एक अति महत्त्वपूर्ण प्रेरक प्रक्रिया शामिल है। भारत और भारतीयों को भी एक सूत्र में बांधने का श्रेय इन्हें ही दिया जाता है।

यूं तो वैदिककाल से ही आत्मिक उन्नति और मानसिक शांति के लिए व्रत का विधान प्रचलित है, ऋषियों ने भी आत्मकल्याण और लोकमंगल के लिए व्रत रखे। व्रत करने से मनुष्य की आत्मा तो शुद्ध होती ही है, आत्मबल भी सुदृढ़ होता है। धार्मिक व्रतों का अनुपालन करने से जहां व्यक्ति अनेक सामान्य रोगों से मुक्त होकर अपने को स्वस्थ महसूस करता है, वहीं मानसिक तनाव से छुटकारा पाकर ईश्वर की प्राप्ति का सहज सुलभ साधन भी पा सकता है।

भारतीय व्रतों व त्योहारों के पीछे अनगिनत रोचक, पौराणिक एवं ऐतिहासिक कथाएं छिपी हुई हैं, जो हमारी संस्कृति और संस्कारों की अनुपम मिसाल हैं। इन कथाओं को पढ़ने से अचूक मनोवैज्ञानिक प्रभाव पड़ता है, जिससे व्रती की मानसिक दशा सुधर जाती है। कथाओं की लोकप्रियता के कारण ही ये लोकजीवन में उत्तरोत्तर प्रसिद्धि प्राप्त कर रही हैं, क्योंकि ये कथाएं व्रतों का सोदाहरण व्याख्यान हैं। इन कथाओं में अत्याचार, अन्याय, अनीति का विरोध करने, पापियों, दुराचारियों को पतित सिद्ध करके उन्हें दंडित करने एवं सामाजिक आचार-विचार की पवित्रता का महत्त्व दर्शाया गया है। दुष्कर्मों का दंड किस प्रकार भुगतना पड़ता है और किस प्रकार सत्कर्मों का लाभ मिलता है, इसकी शिक्षा बखूबी मिलती है। सभी कथाओं का मुख्य भाव यही है कि सबका कल्याण हो। जैसे उनके दिन फिरे (लौटे), उसी तरह सबके फिरें, यही मांगलिक भाव हर कथा में होता है।

भारत के त्योहार देश की एकता और अखंडता के प्रतीक हैं, सभ्यता और संस्कृति के दर्पण हैं, राष्ट्रीय उल्लास, उमंग और उत्साह के प्राण हैं, प्रेम और भाईचारे का संदेश देने वाले हैं। यहां तक कि जीवन के शृंगार हैं। इनमें मनोरंजन और उल्लास स्वत: स्फूर्त होता है। त्योहारों के माध्यम से ही युवा पीढ़ी में सात्विक गुणों का विकास होकर आत्मबल बढ़ता है। कर्त्तव्य-पथ पर बढ़ने की प्रेरणा मिलती है। दुष्कर्मों को छोड़कर अच्छे कर्म करने की शिक्षा मिलती है।

विविध संस्कृतियों, भाषाओं, भावनाओं वाले हमारे देश में प्राकृतिक एवं भौगोलिक कारणों से हर प्रदेश अपनी-अपनी विशिष्टताओं के लिए विविध मेले, यात्रा, उत्सव आदि का आयोजन आज भी अपनी परंपरागत तरीकों से कर रहे हैं, जो लोगों में उत्साह, उमंग और उल्लास का संचार करते हैं। निश्चय ही इनके बिना हमारा जीवन नीरस बन सकता है, इसलिए इनको जारी रखना हमारा कर्त्तव्य है। अंत में, इस पुस्तक को लिखने के लिए मैंने जिन अनेक ग्रंथों से संदर्भित सामग्री उद्धृत की है, उनके रचयिताओं और प्रकाशकों के प्रति मैं अपना आभार प्रकट करता हूँ।

भोपाल, मध्य प्रदेश
                                                                –डॉ. प्रकाशचंद्र गंगराड़े

विषय सूची

आरतियां

तीज एवं त्योहार : परंपरा एवं प्राचीनता

तीज एवं त्योहार हमारी सांस्कृतिक धरोहर हैं। प्रायः सभी पुराणों में इस बात का उल्लेख मिलता है कि हमारे ऋषि-मुनि, महर्षि व्रत-उपवास के द्वारा ही शरीर, मन एवं आत्मा की शुद्धि करते हुए अलौकिक शक्ति प्राप्त करते थे। सत्युग में ऋषियों ने व्रतों का पालन भक्ति और श्रद्धा से किया। वैदिक काल में ऋषियों ने व्रतों को आत्मिक उन्नति, आत्म कल्याण और लोक मंगल का साधन समझकर किया। हमारे देश का सर्वाधिक प्रभावशाली आध्यात्मिक व्रत वह माना गया, जिसमें पिता की आज्ञा से नचिकेता ने यमराज के लोक में जाकर आत्मा का अमर ज्ञान प्राप्त किया।

त्रेतायुग में भगवान् राम के अवतरण पर रामनवमी, राम द्वारा लंका पर विजय प्राप्त करने पर विजया दशमी तथा वनवास के पश्चात् अयोध्या आगमन की खुशी में दीपावली जैसे त्योहार प्रचलन में आए। श्रीकृष्ण के महान् चरित्र से संबंधित अनेक व्रत, त्योहार द्वापरयुग में प्रारंभ हुए। इसी युग में ब्रह्मा, विष्णु, महेश, लक्ष्मी, पार्वती आदि से जुड़े व्रत प्रचलित होकर लोकप्रिय हुए। पौराणिक युग में आम लोगों में व्रतों का प्रचलन मनोवांछित कामना की पूर्ति के लिए हुआ। इनके साथ राजा-रानी, सेठ, साहूकार, चारों वर्ण, आम जन-जीवन, जीव-जंतु, वन-पर्वत, नदी-सागर आदि से संबंधित सैकड़ों कथाओं का वाचन जुड़ता चला गया। इसके अलावा नवग्रहों, नवरात्रों, सप्ताह के वारों के व्रत, उत्सव भी जन जीवन में स्थान पाने लगे। व्रतों का प्रचलन बढ़ता गया और कालक्रम से उनमें जन-जीवन से संबंधित अनेक कथाएं जुड़ती चली गईं।

कलियुग में जब पाप के कर्मों की वृद्धि होने लगी और पुण्य क्षीण हुए, तो पुण्यार्जन के लिए अनेक प्रकार के व्रतों को करने का प्रचलन काफी तेजी से बढ़ा और वे लोक जीवन में प्रसिद्ध हो गए। व्रतों और त्योहारों की धारा गंगा की धारा की भांति भारतवासियों को पावन करने लगी। इनका स्वरूप भी धीरे-धीरे पुरुष व नारी वर्ग में विभाजित हो गया। जहां पुरुषों के व्रत, त्योहारों में देव पूजा के साथ पारिवारिक सुख, संतान-सुख, व्यापारिक-लाभ, यात्रा-लाभ, सुख-शांति की कामना प्रमुखता से प्रकट होती है, वहीं स्त्रियों के व्रत एवं उत्सवों में पारिवारिक कलह शांति, पातिव्रत्य धर्मपालन, संतान सुख, अखंड सौभाग्य प्राप्ति का लक्ष्य प्रकट होता है।

भारत के व्रत, पर्व एवं त्योहार देश की सभ्यता और संस्कृति के दर्पण कहे जाते हैं। हमारे तत्त्ववेत्ता, ऋषि-महर्षियों ने व्रत, पर्व एवं त्योहारों की रचना इसी दृष्टि से की, जिससे कि महान् प्रेरणाओं और घटनाओं का प्रकाश जनमानस में धर्मधारण, सामाजिकता की भावना, कर्तव्यनिष्ठा, परमार्थ, लोक मंगल, जागृति, देशभक्ति, सद्भावना, सामूहिकता जैसे एकता संगठन के वातावरण में विकसित सत्प्रवृत्तियों के माध्यम से विकसित हों तथा समाज को समुन्नत और सुविकसित बनाया जा सके। इसके लिए कितने ही पर्व-त्योहार मनाए जाते हैं, जिनमें दशहरा, दीवाली, होली, राष्ट्रीय पर्व, महापुरुषों या अवतारों की जयंतियां आदि प्रमुख हैं। इनके मनाने का मुख्य उद्देश्य यही है कि भारतवर्ष के नागरिक परस्पर प्रेम पूर्वक मिलें-जुलें, आनंद मनाएं और आपसी संबंध को ज्यादा से ज्यादा प्रगाढ़ करें। इसके अलावा सच्चरित्रता, सद्भावना, नैतिकता, सेवा

व्रत, पर्व एवं त्योहारों में मनुष्य और मनुष्य के बीच, मनुष्य और प्रकृति के बीच सामंजस्य को सर्वाधिक महत्त्व प्रदान किया गया है, यहां तक कि उसे पूरे ब्रह्मांड तत्त्व से जोड़ दिया है। इनमें लौकिक कार्यों के साथ ही धार्मिक तत्त्वों का ऐसा समावेश किया गया है, ताकि उनसे न केवल हमें अपने जीवन निर्माण में सहायता मिले, बल्कि समाज की भी उन्नति होती रहे। इनसे धर्म एवं अध्यात्म भावों को उजागर कर लोक के साथ परलोक सुधारने की प्रेरणा भी मिलती है। इस प्रकार मनुष्यों की आध्यात्मिक उन्नति में व्रत, पर्व एवं त्योहार बहुत अहम भूमिका निभाते हैं। ये जीवन को संतुलित रखते हैं और जीवन को न तो उच्छृंखल होने देते हैं, न खालीपन का अनुभव होने देते हैं। जीवन के रस की पहचान कराने में इनकी महत्त्वपूर्ण भूमिका होती है। इसमें कोई संदेह नहीं कि भारतीयों को एक सूत्र में बांधे रखने में हिन्दू धर्म के व्रत, पर्व और त्योहारों का बहुत बड़ा योगदान है।

व्रत की महिमा : महर्षि कणाद के गुरुकुल में प्रश्नोत्तरी अवधि में एक जिज्ञासु शिष्य उपगुप्त ने पूछा—"भारतीय धर्म में व्रतों-जयंतियों की भरमार है। कदाचित् ही कोई ऐसा दिन छूटता हो जिसमें इन जयंतियों और पर्वों में से कोई-न-कोई पड़ता न हो। इसका क्या कारण है?"

महर्षि कणाद बोले—"वत्स! व्रत व्यक्तिगत जीवन को अधिक पवित्र बनाने के लिए हैं, जयंतियां महामानवों से प्रेरणा ग्रहण करने के लिए। उस दिन उपवास, ब्रह्मचर्य, एकांत सेवन, मौन, आत्म-निरीक्षण आदि की विधा संपन्न की जाती है। दुर्गुण छोड़ने और सद्गुण अपनाने के लिए देव पूजन करते हुए संकल्प किए जाते हैं। अब उतने व्रतों का निर्वाह संभव नहीं, इसलिए मासिक व्रत करना हो तो पूर्णिमा, पाक्षिक करना हो तो दोनों एकादशी और साप्ताहिक करना हो तो रविवार या गुरुवार में से कोई एक रखा जा सकता है।"

व्रत एक ऐसा तप है जिसमें तपकर मानव कुंदन-सा बन जाता है। व्रत से दृढ़ संकल्प की जागृति होती है। शुभ संकल्प ही मनुष्य को सत्यमार्ग की ओर ले जाता है। सत्यमार्ग की ओर जाना ही आनंददायक होता है जो समस्त सुखों का चरम है। इससे शुभ कर्मों की प्रवृत्ति जाग उठती है। महर्षि यास्क ने व्रत को एक 'कर्म विशेष' माना है। जो कर्म कर्ता को वृत्त करे, वह व्रत है। दूसरे शब्दों में, एक तरह के अभीष्ट कर्म में प्रवृत्त होने के संकल्प विशेष को व्रत कहा जाता है। निषिद्ध कर्मों को रोकने वाला भी व्रत ही है, क्योंकि उनके करने में व्रती को व्रत के भंग होने का पूरा भय बना रहता है। इसी वजह से उन्हें वह नहीं करता। यूं तो व्रत का कोशगत अर्थ पुण्य, तिथि विशेष का उपवास, अनुष्ठान, प्रतिज्ञा आदि प्रसिद्ध है।

आजकल पढ़े-लिखे परिवारों में विविध तीज-त्योहारों के अवसर पर किए जाने वाले व्रतों को अंधविश्वास या दकियानूसी मानकर ठुकराने की प्रवृत्ति बढ़ रही है। वे यह नहीं जानते कि हमारे ऋषि-मुनियों ने समस्त व्रतों को धर्म व अध्यात्म से इसलिए जोड़ा, ताकि लोग पूर्ण आस्थाभाव रखते हुए, शारीरिक और मानसिक स्वास्थ्य के लिए सर्वथा अनिवार्य रूप से इन व्रतों का पालन कर सकें और शारीरिक व मानसिक रूप से स्वास्थ्य लाभ उठा सकें। पुराणों में भी उल्लेख मिलता है कि हमारे पूर्वज इनके द्वारा शरीर, मन एवं आत्मा की शुद्धि करते हुए अलौकिक शक्ति प्राप्त करते थे। इस प्रकार देखें तो व्रतोपवास आत्मशोधन का एक सर्वश्रेष्ठ उपाय है, शक्ति का उत्तम स्रोत है। आत्मविकास के लिए व्रत पालन करने की आवश्यकता होती है, क्योंकि आत्मज्ञान या शाश्वत जीवन का बोध व्रताचरण से ही होता है।

वेद में कहा गया है—

व्रतेन दीक्षामाप्नोति दीक्षयामाप्नोति दक्षिणाम्।
दक्षिणा श्रद्धामाप्नोति श्रद्धया सत्यमाप्यते ॥

—यजुर्वेद 19.30

अर्थात उन्नत जीवन की योग्यता मनुष्य को व्रत से प्राप्त होती है। इसे दीक्षा कहते हैं। दीक्षा से दक्षिणा यानी जो कुछ कर रहे हैं, उसके सफल परिणाम मिलते हैं। इसके द्वारा आदर्श और अनुष्ठान के प्रति श्रद्धा जागती है तथा श्रद्धा से सत्य की प्राप्ति होती है।

व्रत से मनुष्य में श्रेष्ठ कर्म करने की योग्यता का विकास होता है। जीवन के उत्थान और विकास की शक्तियां, आत्मविश्वास और अनुशासन की भावना, व्रत नियम के पालन से मनुष्य में आती हैं। इनके अभाव में जीवन अस्त-व्यस्त होकर कोई महत्त्वपूर्ण सफलता पाने योग्य नहीं बनता। आत्मविश्वास से जहां शक्तियों का संचय बढ़ता है, वहीं व्रत पालन से बढ़ी संयम की वृत्ति से शक्तियों का अपव्यय रुकता है। इसके अलावा असंयमित जीवन के कारण उत्पन्न त्रुटियों और भूलों का निवारण भी व्रतों को अपनाने से होता है। उल्लेखनीय है कि महापुरुषों का जीवन सदैव व्रतशील रहा, जिससे उन्हें असाधारण कार्य करने की योग्यता प्राप्त हुई। अर्थात व्रताचरण से ही मनुष्य महान् बनता है, इसी से जीवन को सार्थक बनाया जा सकता है।

महात्मा गांधी ने कहा है कि व्रत में अपार शक्ति होती है, क्योंकि उसके पीछे मनोवैज्ञानिक दृढ़ता होती है। कोई भी व्रत लेना बलवान का काम है, निर्बल का नहीं।

श्रीमद्भगवद्गीता में भगवान् श्रीकृष्ण ने कहा है—

विषया विनिवर्तन्ते निराहारस्य देहिनः।

—श्रीमद्भगवद्गीता 2/59

अर्थात निराहारी जीव यानी उपवास, व्रत धारण करने वाला मनुष्य सभी विषयों से निवृत्त हो जाता है। वेदों के मतानुसार व्रत और उपवास के नियम पालन से शरीर को तपाना ही तप है। इस प्रकार देखें तो ज्ञात होगा कि मानव जीवन को सफल बनाने में व्रतों का महत्त्वपूर्ण योगदान है।

व्रतों के प्रकार : चूंकि व्रतों की संख्या बहुत अधिक है, इसलिए उनके प्रकारों में विभिन्नता होना स्वाभाविक है। व्रत और उपवास में चोली और दामन का साथ होता है। उनमें मूलभूत अंतर यह है कि जहां व्रत में भोजन (अन्न) का सेवन किया जा सकता है, वहीं उपवास में पूर्ण रूप से निराहार रहना पड़ता है। आचार्य यास्क के ग्रंथ 'निरुक्त' में व्रत का अर्थ अन्न भी दिया हुआ है, क्योंकि यह हमारे शरीर को पुष्टता प्रदान करता है, इसीलिए उचित विधि-विधान से अन्न ग्रहण करना भी व्रत कहलाता है।

आमतौर पर व्रत दो प्रयोजनों से किए जाते हैं। पहले प्रकार का व्रत 'नित्य' कहलाता है, जिसमें किसी प्रकार की कामना का समावेश नहीं होता वरन् जो भक्ति और प्रेम के कारण आध्यात्मिक प्रेरणा से पुण्य संचय के लिए संपन्न किया जाता है। यानी जब हम यह नियम बनाते हैं कि महीने या सप्ताह में अमुक

तिथि के दिन एक समय भोजन करेंगे, फलाहार करेंगे या निर्जल रहेंगे, तो वह 'नित्य व्रत' की गिनती में ही आएगा। इसके विपरीत दूसरे प्रकार का व्रत 'काम्य' या 'नैमित्तिक' कहलाता है, जो किसी विशेष कामना या इच्छा को लेकर किया जाता है। यानी जब हम कोई अनुष्ठान, मांगलिक कार्य या शुभ कार्य करते हैं, तो हम जो व्रत करते हैं, वह 'काम्य' या 'नैमित्तिक' व्रत कहलाता है। उदाहरण के लिए पापक्षय के उद्देश्य से किया गया 'चांद्रायणादि व्रत', नैमित्तिक और सुख-सौभाग्य की वृद्धि के लिए किया गया 'वट-सावित्री व्रत' काम्य व्रत की श्रेणी में आते हैं।

नित्य, काम्य और नैमित्तिक व्रतों के अलावा और भी अनेक प्रकार के व्रत रखे जाते हैं, जिनके अपने-अपने अनेक प्रकार के विधि-विधान होते हैं। कुछ प्रमुखता से किए जाने वाले व्रतों का विवरण इस प्रकार है–

आयाचित व्रत : बिना किसी प्रकार की कामना रखे, दिन या रात में एक बार भोजन करने को 'आयाचित व्रत' कहते हैं।

नक्त व्रत : विशेष रूप से रात में किए जाने वाले व्रत को 'नक्त व्रत' कहते हैं।

एकभुक्त व्रत : आधे दिन, मध्याह्न, संध्या, इच्छानुसार व्रत रखने को 'एकभुक्त' व्रत कहते हैं।

प्राजापत्य व्रत : यह व्रत बारह दिनों में संपन्न होता है, जो तीन-तीन दिनों तक भोजन की मात्रा बढ़ाते हुए और अंतिम तीन दिनों में निराहार रहकर किया जाता है।

चांद्रायण व्रत : यह व्रत चंद्रकला के अनुसार घटता-बढ़ता रहता है। इसमें भोजन की मात्रा कृष्ण पक्ष में घटानी और शुक्ल पक्ष में बढ़ानी होती है। अमावस्या को निराहार रहकर पूर्ण होने वाले इस व्रत को 'चांद्रायण' के नाम से जाना जाता है, जो किसी भी माह की शुक्ल प्रतिपदा से प्रारंभ किया जा सकता है। इसे पापों की निवृत्ति, चंद्रलोक की प्राप्ति या चंद्रमा की प्रसन्नता पाने के लिए करने का विधान है।

तिथि व्रत : एकादशी, अमावस्या, चतुर्थी आदि 'तिथि व्रत' कहलाते हैं।

मास व्रत : माघ, कार्तिक, वैशाख आदि के व्रत 'मास व्रत' कहलाते हैं।

पाक्षिक व्रत : शुक्ल पक्ष और कृष्ण पक्ष के व्रत 'पाक्षिक व्रत' कहलाते हैं।

नक्षत्र व्रत : रोहिणी, श्रवण और अनुराधा आदि के व्रत 'नक्षत्र व्रत' कहलाते हैं।

देव व्रत : गणेश, शिव, विष्णु आदि के लिए रखे जाने वाले व्रत 'देव व्रत' कहलाते हैं।

वारों के व्रत : सोम, मंगल, बुध आदि वारों के दिन रखे जाने वाले व्रत 'वार व्रत' कहलाते हैं।

प्रदोष व्रत : प्रत्येक मास की त्रयोदशी/तेरस के दिन किए जाने वाले व्रत 'प्रदोष व्रत' कहलाते हैं।

व्रत के देवता : अधिकांश व्रतों का संबंध किसी-न-किसी देवता से अवश्य होता है। यही वजह है कि व्रती अपनी मनोकामनाओं की पूर्ति के लिए देवता की शरण लेता है, उसके सामने मनौतियां मानकर उसकी पूजा करता है, आराधना करता है, व्रत रखता है, उसका गुणगान करता और सुनता है। भगवान्/देवता भी भक्तों के मनोरथ तभी पूर्ण करते हैं, जब उनके प्रति भक्त के मन में पूर्ण विश्वास, श्रद्धा और भक्ति की भावना हो। भक्त द्वारा किए गए व्रत में ये गुण सम्मिलित हों और व्रत पूर्ण विधि-विधान से किया

जाए, तभी इच्छित लाभ मिलता है, अन्यथा दिखावे के रूप में किए गए व्रत से देवता कभी प्रसन्न नहीं होते।

व्रत करने वाला सुयोग्य पुरुष देवता से प्रार्थना किस प्रकार करता है, इसका उल्लेख यजुर्वेद में इस प्रकार मिलता है–

अग्ने! व्रतपते व्रतं चरिष्यामि तच्छकेयं तन्मे राध्यताम् ।
इदमहमनृतात्सत्यमुपैमि ॥

–यजुर्वेद 1/5

अर्थात हे व्रतों के पालक! सबसे बड़े परमात्मन्! मैं व्रत करूंगा, ऐसी मेरी इच्छा है। मैं उस व्रत को पूरा कर सकूं, ऐसी मुझे शक्ति दीजिए। व्रत के पूरा करने से मेरा कल्याण होगा, इस भावना से प्रेरित होकर उसकी सफलता के लिए मैं परमात्मा से प्रार्थना करता हूं।

अथा वयमादित्य व्रते तवानागसो अदितये स्याम ।

– ऋग्वेद 1/24/15

अर्थात हे प्रकाशमान परमात्मन्! हम सब आस्तिक जन सब धर्मानुष्ठानों के आरंभ में आपकी प्रसन्नता के लिए व्रत धारण करते हुए ज्ञात-अज्ञात अपराधों से उन्मुक्त होकर, जन्म-मरण के बंधन से मुक्त होने के अधिकारी हो जाएं।

श्रीमद्वाल्मीकीयरामायण में वर्णित है कि भगवान् अपने भक्तों के लिए जो व्रत करते हैं, वह इस प्रकार है–

सकृदेव प्रपन्नाय तवास्मीति च याचते । अभयं सर्वभूतेभ्यो ददाम्येतद् व्रतं मम ॥

–श्रीमद्वाल्मीकीयरामायण युद्धकांड 18/33

अर्थात जो प्राणी मेरे सम्मुख आकर एक बार भी मुझसे याचना करता है कि प्रभो! मैं आपका ही सेवक हूं, आपकी शरण में आया हूं, आप कृपा करके अपने कमलवत् चरणों में जगह दीजिए, फिर तो मैं (भगवान् श्रीविष्णु) उसे सर्वथा अपनाकर समस्त बंधनों से छुटकारा देकर अभय प्रदान करता हूं। यह मेरा दृढ़ संकल्प है, वह चाहे जिस किसी प्रकार का प्राणी क्यों न हो।

व्रत की तैयारी : सबसे पहले यह जान लेना जरूरी है कि व्रत करने का अधिकारी कौन है? तत्पश्चात् ही उसे व्रत की तैयारी करनी चाहिए। इस संबंध में **स्कंद पुराण** में बताया गया है–

निजवर्णाश्रमाचारनिरतः   शुद्धमानसः ।
अलुब्ध सत्यवादी च सर्वभूतहिते रतः ॥

अर्थात जो पुरुष अपने वर्ण और आश्रम के आचार-विचार के अनुसार रहता हो, मन से शुद्ध हो, लालची न हो, सत्यवादी हो, सभी प्राणियों का कल्याण चाहने वाला हो, उसका ही व्रतों में अधिकार है।

मदनरत्न ग्रंथ में महर्षि देवल ने लिखा है कि सभी वर्ण के लोग व्रत, उपवास, नियम और तपों के करने से पापों से छूट जाते हैं। अतः व्रतादि को करने का अधिकार चारों ही वर्णों को है। स्त्रियों में व्रत करने के गुण विद्यमान हों, तो वे भी पुरुषों की तरह ही व्रत करने की अधिकारिणी हैं। लेकिन बिना पति की आज्ञा के विवाहित स्त्रियों को व्रतादि करने का अधिकार नहीं है। मदनरत्न ग्रंथ में मार्कण्डेय पुराण से उद्धृत करके इस संबंध में लिखा है–

या नारी ह्यननुज्ञाता भर्त्रा पिता सुतेन वा। निष्फलं तु भवेत्तस्या यत्करोति व्रतादिकम्। यत्तु कश्चित् नास्ति स्त्रीणां पृथग्योन यतं नाप्युपोषणम्। भर्त्तुः शुश्रूषयैवैतांल्लोकानिष्टान् ब्रजन्ति तत्र। यद्देवेभ्योच्च पित्रादिकेभ्यः कुर्याद्भर्ताभ्यर्चनं सत्क्रियां च। तस्य ह्यर्द्धम् सा फलं नान्यविता नारी भुंक्ते भर्तृशुश्रूषयैव॥

अर्थात जिस स्त्री को पति, पिता और पुत्र से व्रत करने की आज्ञा नहीं मिली हो, फिर भी यदि वह व्रतादि करेगी तो वे फलदायक नहीं होंगे। चूंकि स्त्री को पति की सेवा से ही स्वर्गादि अभीष्ट लोकों की प्राप्ति हो जाती है और पति के किए हुए देवपूजन, पितृपूजन आदि सत्कर्मों में से वह आधा फल पा लेती है, अतः स्त्रियों को पति से पृथक् यज्ञ, व्रत आदि करने की आवश्यकता नहीं है।

व्रत प्रारंभ करने से पूर्व आवश्यक जानकारी :

- व्रत की तैयारी में सबसे पहले शारीरिक सफाई करें और साफ-सुथरे वस्त्र धारण करें। बिना स्नान किए, पहले से पहने हुए गंदे वस्त्र धारण कर व्रत, पूजा के लिए तैयार न हों।
- सोम, बुध, बृहस्पति या शुक्रवार से शुरू किए गए व्रत सफलतादायक सिद्ध होने के कारण इन दिनों में ही व्रत शुरू करें। इसके अलावा पुष्य, हस्त, अश्विनी, मृगशिरा, तीनों उत्तरा, रेवती और अनुराधा नक्षत्र एवं शुभ, शोभन, प्रीति, सिद्धि, आयुष्मान और साध्य योग में शुरू किए गए व्रत सुखदायी और शुभफलदायक होते हैं। शास्त्रों में व्रत की शुरुआत मलमास, भद्रा आदि योग में, बृहस्पति और शुक्र के अस्त एवं अस्त होने के तीन दिन पूर्व के वृद्धत्व तथा उदय होने के बाद के तीन दिन बालत्व के कारण करना निषेध किया गया है। इसलिए व्रतों की शुरुआत श्रेष्ठ समय देखकर ही करें।
- मदनरत्न ग्रंथ में देवल ने कहा है कि निराहार रहकर, स्नानादि से निवृत्त होकर, एकाग्रचित्त मन से भगवान् को नमस्कार कर, प्रातःकाल व्रत का संकल्प करके उसे ग्रहण करना चाहिए। व्रत संकल्प की विधि जो महाभारत में लिखी है, उसके मतानुसार हाथ में शुद्ध जल से भरा तांबे का पात्र लेकर उत्तर दिशा की ओर मुख कर संकल्प करके उपवास को ग्रहण करें। जब कभी रात को कोई व्रत उपवास करना हो, तो उसमें भी यही प्रक्रिया अपनाएं। तांबे के बर्तन की अनुपलब्धता पर अंजलि में ही जल लेकर संकल्प करें। मतलब यह कि अपनी कामना को कहकर संकल्प लें।
- मार्कण्डेय पुराण में कहा गया है कि जिन कामनाओं को लेकर व्रत करना चाहते हो, उसका संकल्प कहकर ही स्नान, दान और व्रत करना चाहिए।
- गौड़ निबंध ग्रंथ में लिखा है कि विद्वान् को प्रातःकाल की संध्या करके ही व्रत का संकल्प करना चाहिए।

विधि-विधानानुसार व्रत के देवता के पूजन की तैयारी के लिए आवश्यक सामग्री पहले से ही खरीदकर आवश्यक इंतजाम करना चाहिए। देवता की मूर्ति, दीपक, सुपारी, घंटी, शंख, घी, चंदन, रोली, तांबूल, पुष्प, अगरबत्ती, धूप, अक्षत, कुंकुम, कलश, नारियल, हलदी, गुड़, चीनी, शहद, दही, कपूर, कुशा, तिल, जौ (यव), कलावा, दूध, ताम्रपात्र, आसन, फल (ऋतु अनुसार), प्रसाद, तुलसीदल आदि की आवश्यकता प्रमुखता से पड़ती है।

व्रत की पूजन सामग्री : प्रत्येक व्रत या अनुष्ठान की फल प्राप्ति के निमित्त अलग-अलग देवों के लिए अलग-अलग पूजन सामग्री का प्रयोग किया जाता है। इनका ध्यानपूर्वक व विधि-विधान से पूजन करने पर व्रत, गृह पूजन या शांतिप्रदायक यज्ञ-अनुष्ठानादि अत्यंत फलदायी होते हैं।

आमतौर पर प्रयोग में लाई जाने वाली पूजन सामग्री में चंदन, जनेऊ, जल, पान और सुपारी, रोली, बेलपत्र, तुलसीदल, घी, हलदी, चावल, गेहूं, जौ, सभी प्रकार की दालें, मौसमी फल, मेवा, गंगाजल, चूड़ी, कुंकुम, कंघी, शीशा, मेहंदी, बिंदी, सिंदूर की डिब्बी, काले मोती की माला, चुनरी, लाल, सफेद, हरा, पीला कपड़ा, केसर, कलावा, सिक्का (दक्षिणा), कपूर, काजल, दूध, दही, घी, बताशे, गुड़, चीनी, दूब, कुशा, शहद, अगरबत्ती, मिष्ठान, लौंग, तिल, गोमूत्र, आम तथा केले के पत्ते, ईख, लवण, सफेद सरसों, मोरपंख, सप्त धातुएं, कलश, दीया, नारियल, शंख आदि प्रमुख हैं।

पुष्पों के बिना पूजन सामग्री अधूरी ही समझी जाएगी। देवताओं को पुष्प अर्पित करना हमारी प्राचीन परंपरा रही है। पुष्प के संबंध में 'कुलार्णव तंत्र' में कहा गया है कि पुण्य को बढ़ाने, पापों को मिटाने और श्रेष्ठ फल को प्रदान करने के कारण यह पुष्प कहा जाता है। 'शारदा तिलक' में लिखा है कि देवता का मस्तक सदैव पुष्प से सुशोभित रहना चाहिए। 'विष्णु नारदीय' व 'धर्मोत्तर पुराण' में उल्लिखित है कि

देवता रत्न, सुवर्ण, भूरि द्रव्य, व्रत, तपस्या एवं अन्य किसी भी साधनों से उतना प्रसन्न नहीं होते, जितना कि वे पुष्प प्रदान करने से होते हैं।

भगवान् को जो पुष्पों की मालाएं चढ़ाई जाती हैं, उनमें कमल अथवा पुंडरीक की माला को सर्वश्रेष्ठ कहा गया है। अलग-अलग देवताओं को विशिष्ट प्रकार के पुष्प प्रिय होते हैं। कुछ ऐसे भी पत्र-पुष्प हैं, जो सभी देवों पर चढ़ाए नहीं जाते। आमतौर पर चढ़ाए जाने वाले पुष्पों में गेंदा, चमेली, चंपा, कनेर, गुड़हल, पलास, आक, अशोक, धतूरा, कमल, कुमुद, मदार, गुलाब, जवा कुसुम, मौलसिरी, नागकेसर, निर्गुंडी, मालती, सदाबहार आदि की गिनती होती है।

पद्मपुराण 5/84 में भगवान् की पूजा के पुष्प का उल्लेख इस प्रकार मिलता है–'अहिंसा प्रथम पुष्प, इंद्रिय निग्रह दूसरा पुष्प, प्राणियों पर दया तीसरा पुष्प, क्षमा चौथा पुष्प, शांति पांचवां पुष्प, दम (मन का निग्रह) छठा पुष्प, ध्यान सातवां पुष्प, सत्य आठवां पुष्प है।' बाहरी (गुलाब आदि) और भी पुष्प हैं, लेकिन भगवान् तो भीतरी (अहिंसा आदि) पुष्पों से ही अधिक प्रसन्न होते हैं।

पद्म पुराण के हरिपूजा विधि वर्णन, श्लोक 105 में लिखा है कि भगवान् के लिए जो भक्त चंदन और अगरु से सुवासित धूप निवेदित करता है, उसका मनोवांछित फल बहुत ही शीघ्र सिद्ध हो जाया करता है। श्लोक 109 व 110 में आगे कहा गया है कि जो कर्पूर से सुवासित तांबूल (पान) का बीड़ा चक्रपाणि भगवान् को निवेदित करता है, उसकी मुक्ति अवश्य ही हो जाया करती है। जो खदिर (कत्था) से संयुक्त तांबूल की भेंट भगवान् को किया करता है, वह यहां पर समस्त प्रकार के सुखों का उपभोग करके अंतकाल में सीधा श्रीहरि के धाम बैकुंठ को प्राप्त करता है।

व्रत की पूजन विधि : आमतौर पर पूजा की सामान्य विधि में भगवान् को स्नान कराना, चंदन, हलदी, कुंकुम लगाना और अक्षत, पुष्प चढ़ाना, अगरबत्ती, दीपक जलाना, प्रसाद चढ़ाकर आरती उतारना, हाथ जोड़ना या माथा टेकना भर माना जाता है। इतना-सा कर्मकांड कर लेने मात्र से हम समझते हैं कि देवता प्रसन्न होकर हमारी मनोकामनाएं पूरी कर देंगे। जब इस प्रकार की पूजा-अर्चना से इच्छाएं पूरी नहीं होतीं, तो शास्त्रों में वर्णित व्रतादि कर्मकांडों की सत्यता पर संदेह होना स्वाभाविक है।

वास्तविकता तो यह है कि देवता, ईश्वर की पूजन विधि साधने में उनके प्रति भाव जागरण की एक मनोवैज्ञानिक पद्धति है। सामान्य रूप से भगवान् को अर्पित की गई वस्तुएं इस बात का प्रतीक हैं कि वह किस प्रकार के भावों को, भाव संपन्न साधकों को स्वीकार करते हैं। भगवान् वस्तु के नहीं, प्रेम के भूखे हैं।

श्रीमद्भगवद्गीता में भगवान् श्रीकृष्ण कहते हैं–

पत्रं पुष्पं फलं तोयं यो मे भक्त्या प्रयच्छति।
तदहं भक्त्युपहृतमश्नामि प्रयतात्मनः॥

–श्रीमद्भगवद्गीता 9/26

अर्थात जो कोई भक्त मेरे लिए प्रेम से पत्ता, पुष्प, फल, जल, जो भी अर्पण करता है, उस प्रयत्नशील, निष्काम प्रेमी भक्त का प्रेमपूर्वक अर्पित किया हुआ यह सब मैं प्रीति पूर्वक खाता हूं, यानी ग्रहण/स्वीकार करता हूं।

जो भगवान् से प्रेम करते हैं, जो भगवान् में श्रद्धा रखते हैं, उनके पास जो होगा, वे भगवान् को अर्पित करेंगे ही। श्रद्धा नहीं, तो वह आपसे कुछ नहीं लेना चाहते। जितना आप देंगे, उससे अधिक ही आपको मिल जाएगा। पूजा पद्धति केवल क्रिया ही नहीं है, उसका संबंध भाव, संवेदनाओं और श्रेष्ठताओं से जुड़ा होता है। यदि इसका जीवन में समावेश न किया जाए और मानवीय करुणा, दया, सहानुभूति, सहृदयता, सहयोग और आत्मीयता का विकास न हुआ हो तो मनुष्य की उपासना मात्र एक निष्प्राण क्रिया बनकर रह जाएगी। देवता हमारे सच्चे मन, वचन और कर्म से किए सत्कर्मों को परिश्रम से करने को सच्ची पूजा मानते हैं और उसी से प्रसन्न होकर मनोवांछित फल प्रदान करते हैं। अतः यह बात समझ लें कि देवता को प्रसन्न करने के लिए मात्र धार्मिक कर्मकांड की पूजा-पत्री ही पर्याप्त नहीं होती। भगवान् की सच्ची पूजा तो उनके चरणों में तन, मन, बुद्धि और अहं को अर्पित करना है। अपने साथ के सभी प्राणियों के साथ प्रेम करना और दीन-दुखियों की हर तरह से सहायता करना ही परमेश्वर की सच्ची पूजा है।

यूं तो शास्त्रों में पूजन की सोलह क्रियाएं बताई गई हैं, जिसे 'षोडशोपचार' कहा जाता है, इसके अलावा 'दशोपचार' एवं 'पंचोपचार' पूजन का विधान भी प्रचलित है।

षोडशोपचार पूजन क्रियाएं : 1. देव आह्वान, 2. आसन, 3. अर्घ्य, 4. आचमन, 5. स्नान, 6. वस्त्र, 7. यज्ञोपवीत, 8. गंध, 9. पुष्प, 10. धूप, 11. दीप, 12. नैवेद्य, 13. तांबूल, 14. दक्षिणा, 15. आरती या कर्पूर निराजन और 16. पुष्पांजलि, इन सोलह प्रकार से किया गया पूजन षोडशोपचार पूजन के नाम से जाना जाता है।

पूजन विधि प्रारंभ करने के पहले प्रयोग में लिए जाने वाले सारे पात्रों और वस्तुओं को उचित क्रम से पूजा स्थल पर रखें। फिर पूर्व दिशा की ओर मुंह करके आसन पर बैठकर तीन बार आचमन करते हुए **'ॐ केशवाय नमः, ॐ नारायणाय नमः, ॐ माधवाय नमः'** कहें, तत्पश्चात् हाथ धोएं और बोलें **'ॐ गोविन्दाय नमः'**। जल को बाएं हाथ में लेकर दाहिने हाथ से अपने ऊपर तथा पूजन सामग्री पर छिड़कते हुए मंत्र का उच्चारण करें–

ॐ अपवित्रः पवित्रो वा सर्वावस्थां गतोऽपि वा।
यः स्मरेत् पुंडरीकाक्ष स बाह्याभ्यन्तरः शुचिः॥

फिर किसी पात्र में अष्टदल कमल स्थापित करके हाथ में अक्षत व पुष्प लेकर स्वस्तिवाचन करें। अक्षत और पुष्प को सुपारी पर अर्पित कर दें। संकल्प पढ़ने के लिए दाहिने हाथ में अक्षत, जल और दक्षिणा लेकर पढ़ें। पूजन यदि किसी कामना पूर्ति के लिए किया जा रहा हो, तो अपनी कामना को बोलें। मंत्र बोलते हुए दाहिने हाथ से निर्दिष्ट अंगों का स्पर्श कर न्यास करें। इस प्रकार पुण्याहवाचन, श्री गणेश, कलश एवं नवग्रह आदि का पूजन कर व्रत के मुख्य देवी या देवता की पूजा करें। अंत में अनजाने में हुई पूजन की त्रुटि के लिए क्षमा-याचना करें। फिर आरती करें। इस प्रकार से एक आम गृहस्थ के द्वारा सामान्य पूजन किया जाता है।

पंडितों द्वारा की गई व्यवस्थित व्रत की सामान्य पूजन विधि में सबसे पहले **'ॐ सहस्रशीर्षा पुरुषः'** मंत्र बोलकर इष्ट देव का आह्वान किया जाता है, ताकि भगवान् पूजा ग्रहण करने के लिए आ जाएं। फिर **'ॐ पुरुष एवेदम्'** मंत्र बोलकर उन्हें आसन (सिंहासन) ग्रहण करने को कहा जाता है। **'ॐ एतावानस्य महिमातो'** मंत्र कहकर पाद्य अप्रण किया जाता है। **'ॐ त्रिपादूर्ध्व उदेत्पुरुषः'** मंत्र बोलकर अर्घ्य दिया जाता है। **'ॐ ततो विराडजायत'** मंत्र से आचमन किया जाता है। **'ॐ तस्माद्यज्ञात सर्वहुतः'** मंत्र से स्नान कराया जाता है। **'ॐ तस्माद्यज्ञात सर्वहुत कृचः'** मंत्र से वस्त्र समर्पण किया जाता है। **'ॐ तस्मादश्वा अजायन्त'** मंत्र द्वारा यज्ञोपवीत (जनेऊ) दिया जाता है। **'ॐ यत्पुरुषं व्यदधुः कतिधा'** मंत्र से पुष्प अर्पित किए जाते हैं। **'ॐ ब्राह्मणोऽस्य मुखमासीद'** मंत्र से धूप अर्पित की जाती है। **'ॐ चन्द्रमा मनसो जातश्चक्षोः'** मंत्र से दीप प्रदान किया जाता है। **'ॐ नाभ्या आसीदन्तरिक्षम्'** मंत्र से विभिन्न रसों से युक्त नैवेद्य ग्रहण कराया जाता है। **'ॐ इदं फलं मया देव'** मंत्र से फल अर्पित किए जाते हैं। **'ॐ यत्पुरुषेण हविषा'** मंत्र से ताम्बूल प्रदान किया जाता है। **'ॐ हिरण्यगर्भः समवर्ततताग्रे'** मंत्र से दक्षिणा समर्पित कराए जाती है। **'ॐ इदं हविः प्रजननं मे'** मंत्र से आरती करायी जाती है। **'ॐ यज्ञेन यज्ञमयजन्त'** मंत्र से पुष्पांजलि दी जाती है। **'ॐ यानि कानि च पापानि'** मंत्र से प्रदक्षिणा कराई जाती है। फिर **'नमः' सर्वहितार्थाय'** मंत्र से भगवान् को साष्टांग प्रणाम किया जाता है।

उल्लिखित है कि मास, पक्ष, तिथि, वार और नक्षत्रादि में जो व्रत हो; उसका अधिष्ठाता ही व्रत का देवता कहलाता है। इसलिए प्रतिपदा, द्वितीया, तृतीया आदि के अधिष्ठाता, क्रमशः अग्नि, ब्रह्मा, गौरी आदि और अश्विनी, भरणी, कृत्तिका आदि के अश्विनीकुमार, यम एवं अग्नि आदि तथा वारों के सूर्य, सोम, मंगल आदि हैं। अतः व्रत के देवता का पूजन किया जाता है।

आरती करने का आशय देवता के पूजन के पश्चात्, दीप प्रज्वलित कर उनके सम्मुख खड़े होकर दीपक घुमाने से होता है। 'छांदोग्य उपनिषद्' के मतानुसार सृष्टि प्रक्रिया में आत्मा से आकाश, आकाश से वायु,

वायु से अग्नि, अग्नि से जल और जल से पृथ्वी क्रमशः उत्पन्न हुए हैं। इन्हीं पांचों तत्त्वों का प्रदर्शन आरती में किया जाता है।

आरती का शास्त्रीय स्वरूप पांच क्रियाओं के समावेश से होता है। आकाश के प्रतीक शंख को फुंकारा जाता है, वायु का प्रतीक चंवर ढुलता है, अग्नि अर्थात धूप-दीप से आरती होती है, जल का प्रदर्शन कुंभारती के रूप में होता है और पृथ्वी का प्रदर्शन उंगली आदि द्वारा प्रणाम की मुद्रा में होता है।

व्रत के देवता के नाम का बीज मंत्र व स्वस्तिक चिह्न आरती की थाली में बनाकर, अक्षत, पुष्प से सुसज्जित करके, घी का दीपक या कपूर को जलाकर, घंटनाद करते हुए खड़े होकर, आरती उतारना आम प्रक्रिया है। बीज मंत्र का ज्ञान न होने की स्थिति में सर्वप्रथम चरणों में चार बार, नाभि में दो बार, मुख में एक बार आरती करने के बाद फिर सभी अंगों की सात बार आरती घुमाने का विधान है। इसके पश्चात् दीपक या कपूर की प्रज्वलित ज्योति पर भक्तों द्वारा दोनों हाथ घुमाकर अपने मुखादि अंगों का स्पर्श करने का प्रचलन है। आरती की ज्योति जिस भक्त के गात्र को स्पर्श करती है, उसे हजारों यज्ञ करने के बाद किए स्नानों का फल प्राप्त होता है। इस विश्वास का उल्लेख 'रणवीर भक्ति रत्नाकर' में किया गया है।

पूजन विधि-विधान में प्रयुक्त शब्दों के अर्थ की व्याख्या : व्रतों, पर्वों, त्योहारों अथवा उत्सवों में अकसर देवी या देवता के पूजन या अनुष्ठान करने का विधि-विधान रहता है। इनमें जिन शब्दों को उपयोग में लिया जाता है, उनके अर्थ की समझ आम लोगों में नहीं होती। इस कारण उन्हें पूजा के विधि-विधान पूर्ण करने में बार-बार पूछना या समझना पड़ता है और क्रिया-कलापों में व्यवधान पैदा होता है। इसलिए इनका ज्ञान व्रतधारियों, भक्तों के लिए आवश्यक हो जाता है। यहां ऐसे ही शब्दों के अर्थ की व्याख्या दी जा रही है–

संकल्प : श्रद्धा, विश्वास पूर्वक शुभ कार्य करने को प्रेरित अनुष्ठान को संकल्प कहते हैं। उसके बिना किसी कार्य का शुभारंभ नहीं होता। व्रत, उपवास और संध्या समस्त धर्मानुष्ठान संकल्पजनित होते हैं।

आसन : बिना आसन के भक्त को अपने धार्मिक कृत्यों-अनुष्ठानों में सिद्धि नहीं मिलती, क्योंकि इसके बिछाने से आध्यात्मिक शक्ति-पुंज का संचय होता है।

शुचि : धार्मिक दृष्टिकोण से पवित्र वस्तु को शुचि कहते हैं।

अशुचि : धार्मिक दृष्टिकोण से अपवित्र वस्तु को अशुचि कहते हैं।

नवग्रह : सूर्य, चंद्र, मंगल, बुध, गुरु, शुक्र, शनि, राहु और केतु का प्रभाव मानव जीवन पर शुभ या अशुभ प्रकार से पड़ता है, इसलिए शुभा-शुभ कर्म में नवग्रह पूजन किया जाता है।

आह्वान : बुलाना, निमंत्रित करना। जैसे यज्ञमंडप के छोटे से कुंड में ग्रह व नक्षत्र का आह्वान करने पर आना।

यज्ञ : अग्नि में घी, तिल, यव आदि की आहुतियों के द्वारा सूक्ष्म रूप में परिणित करने की प्रक्रिया को यज्ञ कहते हैं।

आहुति : यज्ञ में चढ़ाई गई सामग्री को आहुति देना कहते हैं।

यज्ञोपवीत : इसे जनेऊ भी कहते हैं, जिसको धारण करने से सर्वविध यज्ञ करने का अधिकार प्राप्त होता है। बिना इसके वेदपाठ या गायत्री जप का अधिकार नहीं मिलता।

दक्षिणा : धर्मशास्त्रों में दक्षिणा रहित यज्ञ को सर्वथा निष्फल बताया गया है। ऋग्वेदानुसार दक्षिणा देने वाले को अमरत्व प्राप्त होता है और दीर्घायु मिलती है। दक्षिणा/दान लेने का अधिकारी ब्राह्मण ही होता है।

स्वस्तिक : यह चिह्न धार्मिक, सौभाग्य, श्रेष्ठ, मंगल, कल्याण, सुख, सौहार्द्र, संपन्नता का प्रतीक है। इसमें **'वसुधैव कुटुम्बकम्'** एवं **'सर्वबंधुत्व'** की भावना व्याप्त है। इसे गणपति, शिव, विष्णु, लक्ष्मी का प्रतीक भी माना जाता है।

त्रिवृत्त : धार्मिक क्रियाओं में उपयोगी त्रिवृत्त दूध, दही और घी की समान मात्रा मिलाकर बनाया जाता है।

अभिषेक : भगवान् की मूर्ति का विधि पूर्वक मंत्रोच्चारण सहित प्रक्षालन (जल से स्नान) कराना।

विधि-विधान : भगवान् की पूजा विशेष प्रक्रिया के द्वारा करने की विधि।

वेदी : भगवान् की मूर्ति के विराजमान करने का स्थान वेदी कहलाता है।

अक्षत : साबूत (जो टूटा हुआ न हो) चावलों को कहते हैं।

पंचामृत : दूध, दही, चीनी, शहद और घी इन पांचों को मिलाने से तैयार होता है।

पंचदेव : विष्णु, शिव, गणेश, सूर्य और दुर्गा (शक्ति) कहलाते हैं।

पंचगव्य : गाय के पांच उत्पाद; जैसे– दूध, दही, मक्खन, गोमूत्र और गोबर को कहते हैं।

पंचतत्त्व : पृथ्वी, जल, अग्नि, वायु और आकाश कहलाते हैं।

पंचोपचार : पूजा की संक्षिप्त विधि जिसमें गंध, पुष्प, धूप, दीप और नैवेद्य अर्पण किया जाता है।

पंचरत्न : हीरा, सोना, मोती, पद्मराग और नीलमणि को कहते हैं।

पंचपुष्प : कमल, कनेर, चमेली, शमी और आम के पुष्प होते हैं।

पंचपल्लव : आम, वट, पीपल, अशोक और गूलर के पत्तों को कहते हैं।

पंचनदी : नर्मदा, गंगा, यमुना, सरस्वती और गोदावरी कहलाती हैं।

षट्कर्म : नित्य करने योग्य छह कर्म– स्नान, संध्या, तप, होम, पठन-पाठन, देवार्चन व अतिथि सत्कार।

षडंग : सिर, कमर, दोनों हाथ और दोनों पैर। कहीं-कहीं छह अंगों में मस्तक, हृदय, शिखा, दोनों नेत्र, दोनों हाथ और दोनों पैरों को भी षडंग मानने का उल्लेख किया गया है।

सप्तलोक : भूलोक, भुवलोक, स्वर्गलोक, महलोक, जनलोक, तपलोक व सत्यलोक।

सप्तर्षि : वसिष्ठ, विश्वामित्र, अत्रि, कश्यप, गौतम, जमदग्नि और भरद्वाज।

सप्तधातु : सोना, चांदी, तांबा, पीतल, लोहा, टिन और सीसा।

सप्तधान्य : गेहूं, जौ, तिल, धान (व्रीहि), कंगु, श्यामक और चीनक।

अष्टांग अर्घ्य : दूध, पानी, कुशा का अग्र भाग, दही, चावल, जौ, सफेद सरसों और तिल कहलाते हैं।

सौभाग्याष्टक : कुंकुम, लवण, कुसुम, दही, ईख, तृणराज, निष्पाक, धान्य और जीरा को कहा गया है।
वर्ण : चार वर्ण– ब्राह्मण, क्षत्रिय, वैश्य और शूद्र माने गए हैं।
नवरत्न : हीरा, मोती, माणिक, पुखराज, मूंगा, गोमेद, नीलम, पन्ना, लहसुनिया।
नवधाभक्ति : श्रवण, कीर्तन, स्मरण, पादसेवन, अर्चन, वंदन, दास्य, सख्य, आत्मनिवेदन कहलाती है।
सर्वगंध : कपूर, चंदन, दर्प, कुंकुम चारों को बराबर लेना देवताओं का भूषण कहलाता है।

व्रत का विधान : गार्ग्य ने 'हेमाद्रि' में लिखा है कि जब बृहस्पति और शुक्र के तारे अस्त हों, यदि उदित भी हों तो इनका बाल्यकाल या वृद्धकाल हो, तो ऐसे समय में तथा मलमास में न तो किसी व्रत का प्रारंभ करना चाहिए और न कोई उद्यापन ही करना चाहिए।

'विश्वामित्र स्मृति' के प्रारंभ में कहा गया है कि स्नान, संध्या आदि नित्य नैमित्तिक तथा काम्य, जो भी कर्म धर्मशास्त्रों में बताए गए हैं, उन्हें पूरा करने का जो समय नियत किया गया है, वे कर्म उसी नियत समय पर करने से फलीभूत होते हैं, अन्यथा निष्फल हो जाते हैं–

नित्यनैमित्तिके काम्ये कृत्ये काले तु सत्फलम् ॥
कालातीतं न कर्तव्यं कर्तव्यं कालसंयुतम्।
तस्मात् सर्वप्रयत्नेन काले कर्म समाचरेत् ॥

–विश्वामित्र स्मृति 1/4,7

- पद्म पुराण, हरिपूजा का विधि वर्णन श्लोक 70 में बताया गया है कि पूजन करने के समय में कभी भी दक्षिण दिशा की ओर मुख करके बैठना नहीं चाहिए, क्योंकि इसका शास्त्र में बड़ा दोष बताया गया है।
- पद्म पुराण, विभिन्न महीनों में नाना पुष्पादि से हरिपूजा श्लोक 51 के अनुसार श्रीहरि का पूजन पूर्वाह्न में ही करना चाहिए। इसका फल यह होता है कि वह पूजक, भक्त केशव प्रभु की कृपा से समस्त कामनाओं को प्राप्त कर लिया करता है।
- उपरोक्त संदर्भित ग्रंथ के श्लोक 57 में कहा गया है कि मस्तक पर तिलक न लगाकर जो कुछ भी पुण्यकर्म किया जाता है, वह सभी कर्मानुष्ठान भस्मीभूत हो जाया करता है।
- हेमाद्रि में भविष्य को लेकर कहा है कि क्षमा, सत्य, दान, दया, शौच, इंद्रिय निग्रह, देव पूजन, अग्नि हवन, संतोष, अस्तेय। यह दस तरह का सामान्य धर्म सभी व्रतों में करना चाहिए।
- हरीत मुनि कहते हैं कि पतित, पाखंडी और नास्तिकों से बोलना, झूठी बातें बनाना एवं गंदी बातें करना ये सब काम व्रतादि कामों में नहीं करने चाहिए।
- व्रत के समय बार-बार जल का सेवन करने, दिन में सोने, तंबाकू चबाने और स्त्री सहवास करने से व्रत बिगड़ जाता है, जिसका उल्लेख विष्णु पुराण में किया गया है–

असकृज्जलपानाच्च सकृत्ताम्बूलभक्षणात्।
उपवासः प्रणश्येत्तु दिवास्वापच्च मैथुनात् ॥

🔸 धर्म सिन्धु का वचन है–'**प्राणसंकटेत्वसकृज्जलपाने दोषनास्ति।**' अर्थात शरीर व्याधि, पीड़ा काल में बार-बार जल का सेवन करने से व्रत भंग नहीं होता।

महाभारत की विदुरनीति में कहा गया है–

अष्टौ तान्यव्रतघ्नानि आपो मूलं फलं पयः।
हविर्ब्राह्मणकाम्या   च   गुरोर्वचनमौषधम्॥

–अग्नि पुराण 175/43

🔸 व्रत के दौरान जल, मूल, फल, दूध, घी, ब्राह्मण की इच्छापूर्ति, गुरु का वचन और औषधि का सेवन व्रत के नाशक नहीं होते।

🔸 अग्नि पुराण में कहा गया है कि शालि (धान), सांठी चावल, मूंग, पानी, दूध, श्यामाक, नीवार और गेहूं आदि व्रत के दूसरे दिन के प्रथम भोजन में हितकारी हैं। बैंगन, पेठा या काशीफल, घीया, पालक के शाक का त्याग करना चाहिए। रात के व्रतादि में मीठा दधि, घृत, सामा, शालि, चावल, नीवार, शाक, यावक ये सब हविष्यान्न कहे गए हैं।

🔸 विष्णु पुराण में लिखा है कि व्रत के दिन अन्न का स्मरण, दर्शन, गंधों का आस्वादन, वर्णन और ग्रासों की चाह इन सबका त्याग करना चाहिए।

🔸 स्कंद और गरुड़ पुराण में कहा गया है कि व्रत प्रारंभ करने के बाद आलस्यवश, लोभ, क्रोध या मोह में व्रत भंग हो जाए, तो तीन दिन अन्न का त्याग कर उसे फिर से शुरू करना चाहिए।

🔸 व्रती व्यक्ति को शरीर पर उबटन, सिर पर तेल लगाना, पान चबाना, सुगंधित द्रव्यों को लगाना, बल और राग उत्पन्न करने वाली वस्तुओं का सेवन नहीं करना चाहिए।

🔸 आलस्यवश बिना आचमन किए व्रत प्रारंभ न करें अन्यथा वह फलदायी नहीं होता। अशुद्ध होने पर पुनः आचमन करना न भूलें। जल के अभाव में दाहिने कान को छूकर आचमन करें।

🔸 ब्रह्मवैवर्त पुराण और पद्म पुराण के अनुसार प्रतिपदा (पक्ष का पहला दिन) को पेठा खाने से धन हानि होने की संभावना रहती है। द्वितीया को छोटा बैंगन खाना वर्जित किया गया है। तृतीया को परवल खाने से शत्रुओं की वृद्धि होती है। चतुर्थी को मूली खाने से आर्थिक हानि होने की संभावना रहती है। पंचमी को बेल खाने से आरोप लगता है। षष्ठी को नीम मुंह में डालना ठीक नहीं मानते हैं। सप्तमी को ताड़ का फल खाना हानिकारक होता है। अष्टमी को नारियल का फल खाना बुद्धि के लिए हानिप्रद है। नवमी को लौकी खाना उचित नहीं माना जाता। दशमी को डंठल वाली सब्जी न खाएं। एकादशी को सेम नहीं खाना चाहिए। द्वादशी को पाई न खाएं। त्रयोदशी को बैंगन खाना संतान के लिए नुकसानदेह होता है। चतुर्दशी, अमावस्या, पूर्णिमा, अष्टमी, रविवार, व्रत व श्राद्ध के दिन तिल का तेल, लाल रंग की सब्जी व कांसे के बर्तन में भोजन करना वर्जित माना गया है। शुक्रवार, रविवार, प्रतिपदा, षष्ठी, सप्तमी, नवमी, अमावस्या और संक्रांति के दिन आंवला नहीं खाना चाहिए। कार्तिक माह में बैंगन और माघ माह में मूली खाना वर्जित किया गया है।

- स्त्री के रजस्वला हो जाने की स्थिति में लंबी अवधि तक चलने वाले व्रत को बीच में न रोकें।
- जब तक पूर्व निर्धारित व्रत पूर्ण न हो जाए, तब तक नया व्रत शुरू न करें।
- व्रत के दौरान ऊंट, बैल, गधे, घोड़े की सवारी न करें।
- परिवार, रिश्तेदारी में जन्म एवं मृत्यु के कारण लगने वाला सूतक पहले से संकल्पित लंबी अवधि तक चलने वाले व्रत को प्रभावित नहीं करता। इस प्रकार देखें तो व्रत विधानों का मुख्य रहस्य, उद्देश्य और वैज्ञानिक आधार उपवास द्वारा शरीर को सम्हालना और इष्ट पूजन के द्वारा मन को सम्हालना ही है।

व्रत का समापन : अनेक प्रकार के व्रतों के समापन पर व्रत के देवता की आरती के बाद भगवान् को भोग लगाए प्रसाद, पंचामृत, चरणामृत का वितरण सभी में किया जाता है। भोग लगा प्रसाद भगवद् कृपा से दिव्य बन जाता है, इसलिए भक्त को अल्प मात्रा में प्राप्त प्रसाद में जितना रस मिलता है, उतना भरपेट खाए जाने वाले भोज्य पदार्थों से भी नहीं मिलता। भगवान् की कृपा को प्रसाद कहा जाता है और भक्त भगवान् के प्रसाद का ही अभिलाषी होता है।

व्रत के विधानानुसार इसकी समाप्ति पर ब्राह्मणों को भोजन कराने और दान-दक्षिणा का विधान है। ब्राह्मणों को ही भोजन, दान-दक्षिणा क्यों दें, इसके संबंध में शास्त्रकार ने कहा है कि यह सारा जगत अनेक देवों के अधीन है। देवता मंत्रों के अधीन हैं। उन मंत्रों के प्रयोग, उच्चारण व रहस्य विप्र अच्छी तरह से जानते हैं। अतः ब्राह्मण स्वयं देवतातुल्य होते हैं।

महाभारत शांतिपर्व 11/11 में कहा गया है कि चौपायों में गौ उत्तम है, धातुओं में सोना उत्तम है। शब्दों में वेद मंत्र उत्तम हैं और दो पायों में ब्राह्मण उत्तम है। इसी ग्रंथ में आगे 72/6 में लिखा है कि ब्राह्मण जन्म से पृथ्वी का स्वामी होता है और प्राणिमात्र के धर्मकोश की रक्षा करने में समर्थ होता है।

अथर्ववेद 31/11 में कहा गया है–**'ब्राह्मणोस्यऽस्य मुखमासीत्'** अर्थात ब्राह्मण मनुष्य के मुख के समान होता है, जो उत्तम ज्ञान को प्राप्त करके मुख से वाणी द्वारा उसका प्रचार करता है। वह अपने पास न रखकर आगे बढ़ाता है।

ब्राह्मण में केवल सत्त्वगुण की प्रधानता होती है, इसीलिए उसमें सत्कर्मों को करने की स्वाभाविक प्रवृत्ति होती है। अनेक सद्गुणों व कर्मों की श्रेष्ठता के कारण ही ब्राह्मण से पूजा-पाठ कराने का विधान धार्मिक शास्त्रों में बनाया गया है। इसके अलावा ब्राह्मण संस्कारगत पूजा-पाठ, उपासना, प्रार्थना, धर्मानुष्ठान, धर्मोपदेश में निरंतर लिप्त रहने और धर्मशास्त्र, कर्मकांड के ज्ञाता और अधिकारी विद्वान् होने के कारण व ईश्वर के अत्यन्त निकट होने से उनका महत्त्व काफी बढ़ जाता है। ऐसे व्यक्ति पर यजमान की श्रद्धा और विश्वास आसानी से स्थापित हो जाता है, जो किसी भी कर्मकांड कराने के लिए आवश्यक होता है।

मनुस्मृति 10/76 में मनु ने कहा है कि षट्कर्मों में– पढ़ाना, यज्ञ कराना और विशुद्ध द्विजातियों से दान ग्रहण करना, ये तीनों ब्राह्मण की जीविका के कर्म हैं। मनुस्मृति 1/88 में यह भी कहा गया है कि ब्राह्मण आजीविका के लिए यज्ञ करे, दान ले और विद्या पढ़ाए। चूंकि ब्राह्मण दान को धारण करने यानी पचाने की शक्ति रखते हैं, अतः दान लेने के अधिकारी कहे गए हैं। अतएव किसी ब्राह्मण से पूजा-पाठ,

हवन, यज्ञ, तर्पण, पिंडदान आदि कर्मकांड कराने के बाद उसे पर्याप्त दान-दक्षिणा प्रदान करने की परंपरा आज भी कायम है।

महाभारत शांतिपर्व 313/84 में दक्षिणा के संबंध में कहा गया है कि दक्षिणा विहीन यज्ञ नहीं होते। ऋग्वेद में लिखा है कि दक्षिणा प्रदान करने वालों के ही आकाश में तारे के रूप में चमकीले चित्र हैं, दक्षिणा देने वाले को अमरत्व और दीर्घायु जीवन मिलता है। धर्मशास्त्रों में व्रत पूर्ण होने के पश्चात् दान देने का विशेष महत्त्व बताया गया है। सुपात्र को सात्विक भाव से श्रद्धा के साथ किए गए दान का फल अकसर जन्मांतर में ही मिलता है।

मनुस्मृति, अध्याय 4, श्लोक 229 से 234 के मध्य दान के संबंध में कहा गया है कि भूखे को अन्न दान करने वाला सुख लाभ पाता है, तिल दान करने वाला अभिलषित संतान और दीप दान करने वाला उत्तम नेत्र प्राप्त करता है। भूमि दान देने वाला भूमि, स्वर्णदान देने वाला दीर्घ आयु, चांदी दान करने वाला सुंदर रूप पाता है। जिस-जिस भाव से जिस फल की इच्छा कर जो दान करता है, जन्मांतर में सम्मानित होकर वह उन वस्तुओं को उसी भाव से पाता है।

व्रत का फल : नित्य, नैमित्तिक, काम्य आदि सभी व्रतानुष्ठान विधि-विधान पूर्वक करने से शरीर, मन, बुद्धि तीनों का यानी आधिभौतिक, आधिदैविक, आध्यात्मिक त्रिविध कल्याण होता है।

पुराणों में इस बात का उल्लेख मिलता है कि हमारे ऋषि-मुनि व्रत-उपवास के द्वारा ही शरीर, मन एवं आत्मा की शुद्धि करते हुए अलौकिक शक्ति प्राप्त करते थे। व्रत पालन करने से जहां आत्मविश्वास बढ़ता है, वहीं संयम की वृत्ति का भी विकास होता है। आत्मविश्वास हमारी शक्तियों को बढ़ाता है और संयम से शक्तियों का व्यर्थ व्यय घटता है। इस प्रकार व्रत से आत्मशोधन और शक्ति प्राप्त होती है।

चिकित्सकों के मतानुसार व्रत और उपवास रखने से जहां अनेक शारीरिक बीमारियां दूर होती हैं, वहीं मानसिक बीमारियों में भी लाभ मिलता है। सप्ताह में एक दिन का व्रत रखने से हमारे आंतरिक अंगों को विश्राम करने और सफाई करने का मौका मिलता है, जिससे शारीरिक और मानसिक स्वास्थ्य सुधरकर आयु एवं शक्ति में वृद्धि होती है।

भारतीय महर्षियों ने सारे आध्यात्मिक अनुष्ठानों में उपवास रखने की परंपरा इसलिए कायम की, क्योंकि अन्न की मादकता के कारण भोजन करने के बाद शरीर में आलस्य का अनुभव होने लगता है। जिसके परिणामस्वरूप पूजा-उपासना से उत्पन्न आध्यात्मिक शक्ति नष्ट होने लगती है। हमारे शरीर की इंद्रियों, विषय-वासना और मन पर काबू पाने के लिए व्रत उपवास एक अचूक साधन माना गया है–

विषया विनिवर्तन्ते निराहारस्य देहिनः।

–श्रीमद्भगवद्गीता 2/59

व्रतों में ही हमें देवी-देवताओं की विभूति प्रदानकारी अनेक तपों का विधान अपनाने का मौका मिलता है। जिससे विद्या, उत्तम खान-पान, सुंदर वस्त्र, अधिकार, अलंकार आदि की प्राप्ति होती है। व्रतों के कारण ही संयम, ब्रह्मचर्य, यम-नियम, सदाचार, सात्विक आहार-विहार जैसे गुणों की उपलब्धियां मिल पाती हैं।

इष्ट देवता की प्रसन्नता से धन, सुख, मनोकामनाओं की पूर्ति होती है, विपत्तियों से रक्षा होती है। स्त्री सौभाग्यवती होती है, निंदित कार्यों से छुटकारा मिल जाता है, पति की रक्षा होती है। बैकुंठ की प्राप्ति होती है, पाप नष्ट होते हैं और पुण्य की प्राप्ति होती है। शत्रुओं पर विजय प्राप्त होती है और भय से मुक्ति मिलती है। दीर्घायु होकर मोक्ष की प्राप्ति होती है। मान, सम्मान, यश, पद तथा पुत्र-पौत्र का लाभ मिलता है। मानसिक अशांति दूर होती है, दुखों का नाश होता है।

व्रतों की पौराणिक कथाओं के पढ़ने और सुनने का काफी धार्मिक महत्त्व बताया गया है। वीतराग शुकदेवजी के मुंह से राजा परीक्षित ने भागवत पुराण की कथा सुनकर मुक्ति प्राप्त की और स्वर्ग चले गए। शुकदेव ने परमार्थ भाव से कथा कही थी और परीक्षित ने उसे आत्म-कल्याण के लिए पूर्ण श्रद्धाभाव से सुना एवं आत्मसात किया। इसलिए उन्हें मोक्ष मिला।

जहां धर्म कथाएं सुनाने वाले व्यक्ति का मन सदा पवित्र वातावरण में निवास करता है, वहीं उसका मन और शरीर ईश्वरीय चैतन्यशक्ति के अनेक वृत्तांत सुनकर दिव्य तेजमय होता चला जाता है। इसी तरह कथा सुनने से पाप कट जाते हैं और प्रभु सुलभ हो जाते हैं। श्रीमद्भागवत के 2/8/5-6 में कहा गया है कि नियमित कथा श्रवण से भगवान् अपने भक्तों के हृदय में विराजते हैं एवं उनके अंतःकरण के समस्त दोषों को वैसे ही स्वच्छ कर देते हैं, जैसे शरद् ऋतु के आगमन से समस्त जलाशयों का जल स्वच्छ हो जाता है।

पद्म पुराण/क्रिया योगसार पीठिका वर्णन/27 के मतानुसार जिन लोगों के समुदाय वैष्णवी कथा का श्रवण किया करते हैं, वह उनके संपूर्ण पापों और विषयों का नाश कर डालती है। नारायण की कथा जहां पर प्रतिदिन हुआ करती है, वहां पाप नहीं रहते हैं।

भारतीय व्रत कथाओं में सुसंस्कारित आचरण करने की शिक्षा दी जाती है। उनमें सत्य, न्याय, त्याग, प्रेम और श्रेष्ठता की ही प्रतिष्ठा को मनोवैज्ञानिक तरीकों से बताया गया है। दुष्ट प्रवृत्तियों की हमेशा हार दिखाकर उन्हें छोड़ने की प्रेरणा दी गई है। इस प्रकार ये कथाएं हमें पाप बुद्धि से छुड़ाती हैं। हमारी नैतिक बुद्धि को जगाती हैं, जिससे मनुष्य सभ्य, सुसंस्कृत और पवित्र बने। किसी को पीड़ा या हानि पहुंचाना महापाप इसलिए बताया गया है, क्योंकि इसके दुष्परिणाम स्वरूप दुख होता है और उसका दंड अवश्य भोगना पड़ता है। अतः अपना जीवन क्रम बदल कर पापों का क्षय तथा पुण्यों की वृद्धि की जा सकती है। व्यक्ति अपने भव-बंधनों को तोड़ने में सफल हो जाता है, मुक्ति का अधिकारी बन जाता है। इसके अलावा जीवन की कुंठाओं, समस्याओं, विडंबनाओं का समाधान भी कथाएं सुनने से मिल जाता है। भय, विपत्ति, रोग, दरिद्रता में सांत्वना, उत्साह और प्रेरणा की प्राप्ति होती है। विपत्ति में धैर्य, आवेश में विवेक, संयम के नेत्र खुलना व कल्याण चिंतन में सहायता मिलती है। इसीलिए व्रत की कथाओं को भव-भेषज, सांसारिक कष्ट, पीड़ाओं और पतन से मुक्ति दिलाने वाली औषधि कहा जाता है।

व्रत का उद्यापन : बहुत से व्रत ऐसे होते हैं, जिनका उद्यापन नहीं किया जाता; जैसे– श्रीकृष्ण-जन्माष्टमी, रामनवमी आदि। कुछ व्रत ऐसे होते हैं जो किसी अभीष्ट सिद्धि के लिए किए जाते हैं, जैसे सोलह सोमवार व्रत। इसमें अभीष्ट सिद्धि के बाद उद्यापन करके व्रत का समापन करने का विधान है। कुछ व्रत ऐसे भी

होते हैं, जो निर्जल रहकर किए जाते हैं या जो कष्ट साध्य होते हैं। ऐसे व्रत में जब शरीर अस्वस्थ हो जाए अथवा कोई अपरिहार्य कारण आ जाए और नियम-विधान पालन करने में कठिनाई हो, तो उस स्थिति में उद्यापन करने का विधान है।

उद्यापन किए बिना व्रत फल निष्फल हो जाने के विश्वास के कारण व्रत की अवधि पूर्ण होने पर सामर्थ्यानुसार विधिवत् उसका उद्यापन करना परमावश्यक माना जाता है। नित्य व्रत का निश्चित अवधि तक निर्वाह करने के बाद उसका उद्यापन भी करने का विधान बनाया गया है। जैसे शिवरात्रि व्रत का 14 वर्ष, प्रदोष व्रत का 13 वर्ष, एकादशी व्रत का 11 वर्ष करने के उपरांत उद्यापन होता है। उसके पश्चात् व्रत का विधान वैकल्पिक हो जाता है।

गार्ग्य ने हेमाद्रि में कहा है कि जब बृहस्पति और शुक्र के तारे अस्त हो गए हों, उदित भी हों तो इनका बाल्यकाल अथवा वृद्धकाल हो, ऐसे समय में तथा अधिमास में कोई उद्यापन नहीं करना चाहिए।

दैनिक क्रियाओं, स्नानादि से निपट कर अंजलि में जल लेकर यह संकल्प बोलें कि आज की अमुक पुण्य तिथि में, अमुक महीने के अमुक पक्ष में, अमुक संवत्सर में अमुक देवता को प्रसन्न करने के लिए अमुक लक्ष्य सिद्धि के लिए कि यह पूरा हो जाए, उसके लिए मैं इसका उद्यापन करता हूं। फिर गणपति पूजन कर पुण्याहवाचन (मंगल कामना) करना चाहिए। पुण्याहवाचन में देवादि कर्म में मंगल के निमित्त 'पुण्याह' शब्द का तीन बार उच्चारण आता है। 'कर्म के अंगभूत देवता प्रसन्न हो जाओ', ऐसा निवेदन किया जाता है। फिर यजमान आचार्य से इस प्रकार प्रार्थना करता है कि जैसे स्वर्ग में इंद्रादि के आचार्य बृहस्पति हैं, वैसे ही आप इस कर्म में मेरे आचार्य बनो। आचार्य का पूजन यजमान द्वारा किया जाता है। फिर आचार्य द्वारा मंत्रोच्चारण करके व्रत के पूर्ण उद्यापन को विधि-विधानानुसार कराएं।

गंगा दशहरा

(मन के विकार नष्ट करने एवं कालसर्प योग से मुक्ति के लिए)

माहात्म्य : पुराणों में ऐसा कहा गया है कि ज्येष्ठ मास के शुक्ल पक्ष की दशमी को बुधवार के दिन हस्त नक्षत्र में पावन गंगाजी का स्वर्गलोक से इस भूतल पर अवतरण राजा भगीरथ की तपस्या से ब्रह्मा तथा शिव के दिए वरदान से हुआ। तभी से गंगा निरंतर प्रवाहशील होकर समुद्र में जाकर मिल जाती हैं। यदि गंगा दशहरा के दिन आज भी हस्त नक्षत्र तथा बुधवार संयोगवश आ जाए, तो गंगा में स्नान करने का अनंत फल प्राप्त होता है। जीवन में किए हुए मनुष्य के सब पाप धुल जाते हैं। यूं भी गंगास्नान का काफी माहात्म्य शास्त्रों में बताया गया है, क्योंकि इसका जल सर्वदा विकार रहित, विकारनाशक तथा परम पावन माना गया है। गंगा को माता की पदवी दी गई है। इसका जल अमृत के समान गुणकारी माना जाता है।

भविष्य पुराण में लिखा है कि जो मनुष्य इस पर्व के दिन गंगा के पानी में खड़ा होकर दस बार 'गंगा-स्तोत्र' पढ़ता है, वह चाहे गरीब हो या अमीर, सामर्थ्यवान हो या असमर्थ, वह गंगा को पूजकर उस फल को पाता है। जो कोई गंगा-स्तोत्र को श्रद्धा और विश्वास के साथ पढ़ता या सुनता है, वह शरीर, वाणी और चित्त से होने वाले दस तरह के पापों से मुक्त हो जाता है। इसीलिए इस तिथि को 'दश-हरा' कहते हैं। इन दस प्रकार के पापों में—जीव हिंसा, ताप-संताप, गो, गुरु और देवताओं का अपमान, कालसर्प, ग्रह योग, मातृ-पितृ दोष, अंतःकरण की मलिनता, मन-वचन-कर्मफल अपराध, भूत-प्रेत बाधा और विषाणु दुष्प्रभाव गिने जाते हैं। इसके अलावा किसी रोग से विपत्ति में पड़ा व्यक्ति, सांसारिक चक्र में फंसा व्यक्ति, भय एवं भव-बंधनों से मुक्त हो जाता है। हिंदुओं के अन्य पर्वों की तरह 'गंगा दशहरा' मुख्यतया स्नान पर्व के रूप में मनाया जाता है। भक्तगण 'हर हर गंगे' कहकर गंगा के जल में डुबकी लगाते हैं, जिसका मतलब होता है कि "गंगा मैया, हमारे दस दोषों, पापों का हरण कर।" ब्रह्मपुराण में लिखा है कि—

ज्येष्ठे मासि सिते पक्षे दशमी हस्तसंयुता।
हरते दश पापानि तस्माद् दशहरा स्मृता॥

पूजन विधि-विधान : यह पर्व ज्येष्ठ मास के शुक्ल पक्ष की दशमी को गंगाजल में स्नान करके मनाया जाता है। यदि किसी कारणवश गंगा के जल में स्नान करना संभव न हो, तो किसी भी नदी में स्नान करके इसकी कमी की पूर्ति की जा सकती है। आमतौर पर सामान्य भक्तगण अपने घर में ही स्नान करते समय गंगाजल की कुछ बूंदें डालकर उसे ही गंगाजल मानकर स्नान कर लेते हैं। स्नान के दौरान गंगाजी मंत्र— **ऊँ नमो भगवति हिलि हिलि मिलि मिलि गंगे मां पावय पावय स्वाहा।** से भक्तिपूर्वक मन में अर्चना करें। इस दिन गंगा का पूजन, गौरी के पूजन के समान ही करने का विधान है। दीप जलाकर गंगा के जल में प्रवाहित करना एक पुण्य परंपरा मानी जाती है। जब दीप मालाएं गंगाजल में बहती हैं, तो ऐसा लगता है कि मानो आकाश के तारे धरती पर उतर आए हैं। इस पर्व के अवसर पर श्रद्धालु तर्पण कर स्वयं तथा पूर्वजों के नाम पर जल में गोते लगाते हैं। स्नान कर दान देते हैं। इस कृत्य को परम पावन मोक्षदायी

माना जाता है। इस दिन शिवलिंग का पूजन करने व रात्रि जागरण करने का भी विधान है, जिसका अनंत फल प्राप्त होता है।

पौराणिक कथा : गंगावतरण की कथा का वर्णन वाल्मीकि रामायण, देवी भागवत, महाभारत तथा स्कंद पुराण में मिलता है—

पुरातन युग में अयोध्यापति महाराज सगर ने एक बार विशाल यज्ञ का आयोजन किया और उसकी सुरक्षा का भार उन्होंने अपने पौत्र अंशुमान को सौंपा। देवराज इंद्र ने राजा सगर के यज्ञीय अश्व का अपहरण कर लिया, तो यज्ञ के कार्य में रुकावट पैदा हो गई। इंद्र ने घोड़े का अपहरण कर उसे कपिल मुनि के आश्रम में बांध दिया। घोड़े को खोजते हुए राजा सगर के पुत्र जब कपिल मुनि के आश्रम में पहुंचे, तो कोलाहल सुनकर कपिल मुनि की समाधि टूट गई। परिणामस्वरूप वे क्रोधित हो गए और उनकी क्रोधाग्नि में जलकर राजा के हजारों पुत्र भस्म हो गए।

अंशुमान घोड़े की खोज में जब मुनि के आश्रम में पहुंचा, तो वहां महात्मा गरुड़ ने उसे सगर के हजारों पुत्रों के भस्म होने की जानकारी दी। उनकी मुक्ति का मार्ग उन्होंने स्वर्ग से गंगाजी को पृथ्वी पर लाना भी बताया। चूंकि पहले यज्ञ शुरू करवाना जरूरी था, अतः अंशुमान ने घोड़े को यज्ञ मंडप पहुंचाया और यज्ञ करवाया। फिर राजा सगर को पूरा वृत्तांत बताया। कुछ समय बाद राजा सगर का देहांत हो गया। जीवन पर्यन्त तपस्या करके गंगाजी को पृथ्वी पर लाने का बीड़ा अंशुमान और उसके पुत्र दिलीप ने उठाया, लेकिन उन्हें सफलता नहीं मिली।

दिलीप के पुत्र भगीरथ ने जब कई वर्षों तक कठोर तपस्या की, तब कहीं जाकर ब्रह्माजी प्रसन्न हुए और उन्होंने भगीरथ से वर मांगने को कहा। भगीरथ ने गंगाजी को पृथ्वी पर भेजने के लिए निवेदन किया।

ब्रह्मा ने कहा कि गंगा का भार व वेग संभालने की शक्ति केवल भगवान् शंकर में है, अतः तुम पहले उन्हें प्रसन्न कर गंगा मांग लो। भगीरथ ने फिर कठोर तपस्या की और शंकर भगवान् को अपनी जटा फैलाकर गंगाजी को धारण करने के लिए तैयार किया। जब ब्रह्माजी ने अपने कमंडलु से गंगा को छोड़ा, तो वह शंकरजी की जटाओं में ही उलझ कर रह गईं। भगीरथ द्वारा बार-बार अनुनय-विनय करने पर शंकरजी ने गंगा को हिमालय में ब्रह्माजी द्वारा बनाए बिंदुसर में छोड़ा, जहां से उनकी अनेक धाराएं फूट पड़ीं।

जब गंगा का जल कपिल मुनि के आश्रम में पहुंचा, तो महाराज सगर के साठ हजार भस्म हुए पुत्र शाप मुक्त हो गए। ब्रह्माजी ने पुनः प्रकट होकर भगीरथ के कठिन तप से प्रभावित होकर घोषित किया कि अब से गंगाजी का एक नाम 'भागीरथी' होगा। इस प्रकार भगीरथ ने अपने पुण्य से पुत्रलाभ पाया।

नाग पंचमी

(नाग दंश से बचने के लिए)

माहात्म्य : ऐसा जन-विश्वास है कि नाग पंचमी के दिन नाग देवता के पूजन करने से वह प्रसन्न होते हैं और आशीर्वाद देकर भक्त की मनोकामनाएं पूर्ण करते हैं। इस कारण उनके कृपा पात्र बन जाने से हमारी सात पीढ़ी तक को सर्प-दंश का भय नहीं रहता। यूं तो अनादि काल से ही देवताओं के साथ नागों के अस्तित्व के संदर्भ मिलते हैं। पुराणों में भी नागों के संबंध में बहुतायत वर्णित सामग्री उपलब्ध है। यहां तक कि उसमें नागों के संसार को 'नागलोक' का नाम दिया गया है। पुराणों में वर्णित है कि समुद्र मंथन जैसे महान् कार्य में नागराज वासुकी ने अपना शरीर रस्सी के रूप में समर्पित कर दिया था। देवताओं की माता अदिति की सगी बहन कद्रू के पुत्र होने के रिश्ते से नाग देवताओं के छोटे भाई हैं। हमारी पृथ्वी का भार शेषनाग के फन के ऊपर धारण किया जाना शास्त्रों में वर्णित है। भगवान् विष्णु ने तो नागराज पर ही अपनी शय्या बनाकर विश्व कल्याण का कार्य पूरा किया है। भगवान् शंकर के गले में अनेक विषधर नाग सदा उनके शरीर की शोभा बढ़ाते रहते हैं, इसीलिए वे नागेंद्रहार कहलाते हैं।

नाग पंचमी के आरंभिक इतिहास के संबंध में 'श्रीवाराह पुराण' में लिखा है कि इस शुभ तिथि को सृजन शक्ति के अधिष्ठाता ब्रह्माजी ने अपने प्रसाद से शेषनाग को अलंकृत किया और पृथ्वी का भार धारण करने जैसी सेवा के लिए जनता ने उनकी प्रशंसा की थी। कहा जाता है कि तभी से इस त्योहार को नाग जाति के प्रति श्रद्धा प्रदर्शित करने का प्रतीक मान लिया गया है। यजुर्वेद में भी नागों के गुण, कीर्ति, प्रशंसा और पूजन का उल्लेख मिलता है। इस व्रत का माहात्म्य पढ़ने या सुनने मात्र से ही समस्त पाप नष्ट हो जाते हैं।

पूजन विधि-विधान : यह व्रत श्रावण मास के शुक्ल पक्ष की पंचमी को रखा जाता है। इस व्रत को करने के लिए एक दिन पूर्व यानी चतुर्थी को एक समय भोजन कर पंचमी को पूरे दिन भर का उपवास रखने का विधान है। गरुड़ पुराण के अनुसार व्रती अपने घर के दोनों ओर नागों को चित्रित करके उनकी विधि-विधानानुसार पूजा करें। कुछ स्थानों पर लोग रस्सी से सात गांठें लगाकर उसे सर्प का आकार प्रदान कर पूजते हैं। चूंकि ज्योतिष विद्या के मतानुसार पंचम तिथि का स्वामी नाग को माना जाता है, इसलिए भक्ति भाव के साथ गंध, पुष्प, धूप, कच्चा दूध, खीर, भीगे हुए बाजरे और घी से पूजन करें। सुगंधित पुष्प और दूध सर्पों को अति प्रिय होने के कारण इस दिन सपेरे नाग को दूध पिलाने के लिए कहते हैं और वस्त्र, अन्न और धन भेंट स्वरूप पाते हैं। फिर ब्राह्मणों को घी युक्त खीर और लड्डुओं का भोजन कराएं। दूध या दूध से बने पदार्थ भी खिलाएं। इस व्रत के दिन सूर्यास्त के बाद भूमि खोदना वर्जित किया गया है।

पौराणिक कथा : इस व्रत की कथा का उल्लेख 'हेमाद्रि ग्रंथ' के प्रभास खंड में इस प्रकार मिलता है—

किसी गांव में एक किसान परिवार अपने पुत्र एवं पुत्री के साथ आनंदपूर्वक रहता था। एक दिन जब वह अपना खेत जोत रहा था, तो एक सर्पिणी के तीन बच्चे हल के नीचे कुचल कर मर गए। सर्पिणी

ने बदला लेने के लिए किसान और उसके पुत्र को रात्रि में डस लिया। सुबह जब किसान की पुत्री ने देखा कि भाई और पिता को सर्पिणी ने डस लिया है, तो वह सर्पिणी के लिए दूध से भरा कटोरा लेकर आई और उस सर्पिणी से अपने पिता के अपराध की क्षमा मांगने लगी। इससे सर्पिणी का क्रोध प्रेम में बदल गया। उसने प्रसन्न होकर उसके पिता और भाई का जहर वापस खींचकर उन्हें जीवित कर दिया। उस दिन श्रावण मास शुक्ल पक्ष की पंचमी थी। बस, उसी दिन से नाग पूजा की परंपरा चल पड़ी।

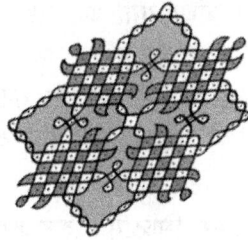

रक्षाबंधन पर्व

(भाई के प्रति बहन के पवित्र स्नेह एवं रक्षा करने के लिए)

माहात्म्य : भारतीय त्योहारों में रक्षाबंधन का पर्व आध्यात्मिक, धार्मिक व ऐतिहासिक महत्त्व रखता है। रक्षाबंधन प्रतीक है भाई-बहन के पवित्र स्नेह और विश्वास का। यह ब्राह्मण जाति का सबसे बड़ा पर्व है। भविष्य पुराण में लिखा है–

सर्वरोगोपशमनं सर्वाशुभ विनाशनम्।
सकृत्कृतेनाब्दमेकं येन रक्षा कृता भवेत्॥

युधिष्ठिर ने श्रीकृष्ण से ऐसा रक्षा विधान पूछा, जिसके करने से मनुष्य भूत-प्रेत और पिशाचों से भयहीन हो जाए, तो उन्होंने बताया कि रक्षाबंधन पर्व सब रोगों का नाशक तथा सब अशुभों को नष्ट करने वाला है। इसे वर्ष में एक बार विधि पूर्वक कर लेने से वर्ष भर शत्रुओं से रक्षा रहती है। इसको देवराज इंद्र की जीत के लिए इंद्राणी ने अपनाया था, जिससे उसकी दोनों लोकों में विजय हुई। इस प्रकार रक्षाबंधन का यह त्योहार विजय, सुख, पुत्र, पौत्र, धन और आरोग्य देने वाला है। रक्षाबंधन का सामान्य अर्थ किसी को अपनी रक्षा के लिए बांध लेना ही समझा जाता है। भाई को राखी बांधते समय बहन यही अपेक्षा करती है कि वह सब प्रकार से उसकी रक्षा करेगा। आपातकालीन परिस्थिति में सुरक्षा का दायित्व संभालेगा।

पूजन विधि-विधान : यह पर्व प्रतिवर्ष श्रावण मास के शुक्ल पक्ष की पूर्णिमा के दिन मनाया जाता है। इस दिन प्रातःकाल सूर्योदय के समय श्रुति और स्मृतियों के विधानानुसार स्नान करें। साफ पानी से देवता और पितरों का तर्पण कर फूल, धूप, मौली, रोली, चावल, सरसों, नारियल आदि का चढ़ावा चढ़ाएं। घर को गोबर से लीपने से उसकी शुद्धि होती है, पाप एवं दुष्कर्मों का नाश होता है। जिस मंत्रोच्चारण से देव गुरु बृहस्पति ने रक्षा बंधन का विधान किया है, वह इस प्रकार है–

येन बद्धो बली राजा दानवेन्द्रो महाबलः।
तेन त्वामनुबध्नामि रक्षे माचल माचल॥

अर्थात जिस रक्षा से महाबली दानवेन्द्र बलि बांधा गया था, तुझे मैं उसी से बांधता हूं। रक्षे! तुम हर तरह अचल रहना। जो इस विधि से रक्षाबंधन धारण करता है, वह एक वर्ष तक निरापद एवं सुखी रहता है। रक्षाबंधन का निषिद्ध काल भद्रा बताया गया है, इसलिए इस काल में रक्षाबंधन नहीं करना चाहिए। भद्रा में रक्षाबंधन करने से राजा की मृत्यु होती है और होली गांव को जलाती है।

सामान्य परंपरा के अनुसार रक्षाबंधन के दिन बहन भाई को तिलक लगाकर हाथ में नारियल, रूमाल, दक्षिणा (मुद्रा) रखती है। फिर राखी बांधकर मिष्ठान खिलाकर मुख मीठा करती है। जो बहनें अपने भाई के पास नहीं होतीं, वे त्योहार से पहले ही डाक/कोरियर से राखी भेज देती हैं, ताकि उचित समय पर उसका भाई किसी अन्य कन्या या महिला जिसे उसने बहन के रूप में स्वीकार किया हुआ हो, अपनी कलाई पर राखी बंधवा सके।

पौराणिक कथा : इस पर्व की कथा का उल्लेख भविष्य पुराण में इस प्रकार किया गया है–

प्राचीन काल में एक बार देवताओं और दैत्यों के बीच युद्ध शुरू हुआ, तो वह बारह वर्षों तक चलता रहा। अंत में देवताओं की पराजय हुई तो वे सब अमरावती छोड़कर चले गए और विजेता दैत्यराज ने तीनों लोकों पर अपना अधिकार कर लिया। उसने सभी को यज्ञ कर्म न करने और अपनी पूजा करने का आदेश

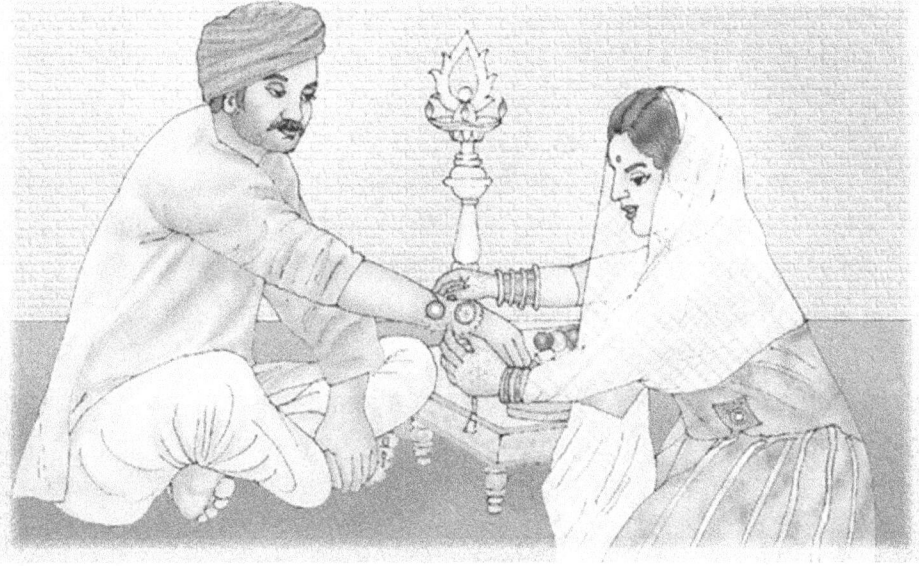

दे दिया। धर्म का नाश होते ही जब देवताओं का बल घटने लगा, तो इंद्र घबराकर अपने गुरु बृहस्पति के पास पहुंचे और उनसे इस विपत्ति के शमन का उपाय पूछा। आचार्य बृहस्पति ने इंद्र से श्रावण पूर्णिमा को रक्षा विधान संपन्न कराया। इंद्राणी ने इस दिन द्विजों से स्वस्तिवाचन करवाकर रक्षा सूत्र लिया और इंद्र की दाहिनी कलाई में बांधकर उन्हें युद्ध के लिए भेज दिया। रक्षाबंधन के प्रभाव से इंद्र की जीत हुई।

रक्षाबंधन की दूसरी कथा के अनुसार एक बार भगवान् श्रीकृष्ण के हाथ में चोट लगने के कारण खून निकलने लगा। यह देखकर द्रौपदी ने तुरंत अपनी साड़ी फाड़कर कृष्ण के हाथ में बांध दी। बस, इसी बंधन के ऋणी श्रीकृष्ण ने दुःशासन-दुर्योधन द्वारा चीरहरण के समय द्रौपदी की लाज बचाई। द्रौपदी ने भगवान् श्रीकृष्ण को अपना भाई माना था, इसलिए उन्होंने जीवन भर द्रौपदी की रक्षा की।

श्रीकृष्ण जन्माष्टमी

(भगवान् श्रीकृष्ण के प्रति श्रद्धा एवं
एवं सुख-समृद्धि हेतु)

माहात्म्य : संपूर्ण भारत में भाद्रपद मास में कृष्ण पक्ष की अष्टमी के दिन भगवान् श्रीकृष्ण का जन्म बड़ी श्रद्धा और धूमधाम से मनाया जाता है। उस दिन लोग उपवास रखते हैं। शास्त्रों में बताया गया है कि श्रीहरि के अवतरण काल में अन्न ग्रहण नहीं करना चाहिए। जन्माष्टमी के अवसर पर मंदिरों को विशेष रूप से सजाया जाता है और भगवान् श्रीकृष्ण से संबंधित झांकियां निकाली जाती हैं। उस दिन भगवान् श्रीकृष्ण की जन्मभूमि मथुरा में विशेष आयोजन होते हैं। महाराष्ट्र में संध्या के समय मटकी फोड़ने की प्रतियोगिता आयोजित कर जन्मोत्सव मनाने का प्रचलन काफी प्रसिद्ध है। इस दिन श्रीकृष्ण ने रोहिणी नक्षत्र में अर्धरात्रि को मथुरा में माता देवकी की कोख से जन्म धारण करके पापी कंस और उनके दुष्ट साथी असुरों का संहार किया और भक्तों की रक्षा कर उनका उद्धार किया था।

श्रीब्रह्मवैवर्त पुराण में सावित्री द्वारा पूछने पर धर्मराज ने बताया कि भारत वर्ष में रहने वाला जो भी प्राणी श्रीकृष्ण जन्माष्टमी का व्रत करता है, वह सौ जन्मों के पापों से मुक्त हो जाता है। वह दीर्घकाल तक बैकुंठ लोक में आनंद भोगता है, फिर उत्तम योनि में जन्म लेने पर उसे भगवान् श्रीकृष्ण के प्रति भक्ति उत्पन्न हो जाती है।

श्रीपद्म पुराण के अनुसार जो कोई भी मनुष्य इस व्रत को करता है, वह इस लोक में अतुल ऐश्वर्य की प्राप्ति करता है और इस जन्म में जो उसका अभीष्ट होता है, उसे भी प्राप्त कर लेता है।

'श्रीविष्णु रहस्य' में लिखा है कि भाद्रपद कृष्ण अष्टमी को रोहिणी नक्षत्र में व्रत करने से उसका महान् फल मिलता है। यदि उस दिन बुधवार हो, तो उसके विशेष फल का तो कहना ही क्या? यदि ऐसी अष्टमी नवमी के साथ संयुक्त हो, तो कोटि कुलों की मुक्ति देने वाली होती है।

भगवान् श्रीकृष्ण ने कहा है कि जो व्यक्ति जन्माष्टमी के व्रत को विधि-विधानानुसार करता है, उसके समस्त पाप स्वतः ही नष्ट हो जाते हैं और उसे मृत्यु के उपरांत बैकुंठ लोक में स्थान मिलता है। यही बात शास्त्रों में भी कही गई है।

पूजन विधि-विधान : यह व्रत भाद्रपद मास के कृष्ण पक्ष की अष्टमी को श्रीकृष्ण जन्माष्टमी के रूप में मनाया जाता है। इस दिन प्रातःकाल दैनिक नित्यकर्मों, स्नानादि से निवृत्त होकर व्रती को यह संकल्प लेना चाहिए कि मैं श्रीकृष्ण भगवान् की प्रीति के लिए और अपने समस्त पापों के शमन के लिए प्रसन्नता पूर्वक जन्माष्टमी के दिन उपवास रखकर व्रत को पूर्ण करूंगा। अर्धरात्रि में पूजन करने के पश्चात् दूसरे दिन भोजन करूंगा। व्रती को इस दिन यम नियमों का पालन करते हुए निर्जल व्रत रखना चाहिए। व्रत के दिन घरों और मंदिरों में भगवान् श्रीकृष्ण के भजन, कीर्तन उनकी लीलाओं के दर्शन होते रहते हैं। संध्या के समय भगवान् के लिए झूला बनाकर बालकृष्ण को उसमें झुलाया जाता है। आरती के बाद दही, माखन,

पंजीरी व उसमें मिले सूखे मेवे का मिला प्रसाद भोग लगाकर भक्तों में बांटा जाता है। दूसरे दिन ब्राह्मणों को प्रेम से भोजन करा कर स्वयं भी पारण करें। साथ में दान-दक्षिणा की रस्म पूरी करें, ताकि व्रत पूरा हो जाए।

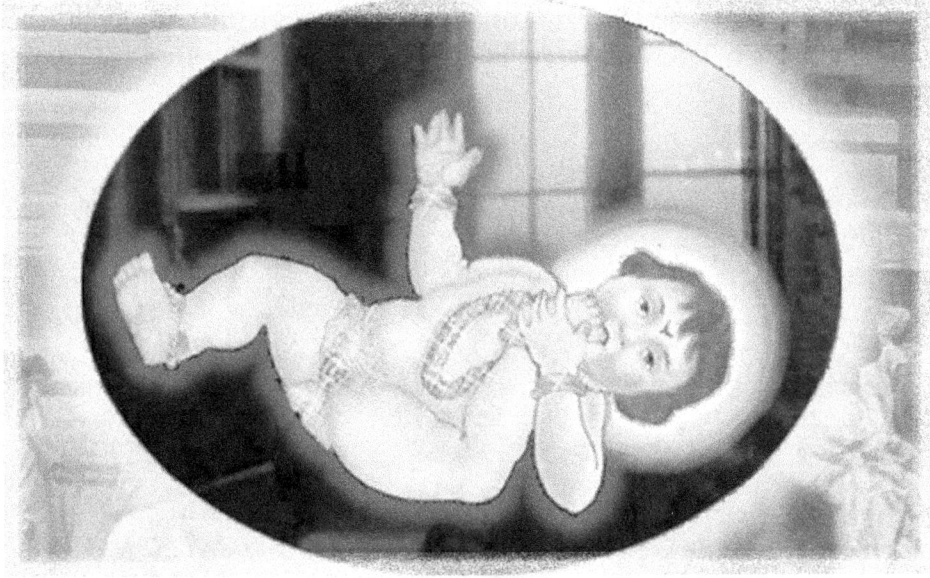

पौराणिक कथा : इस व्रत की कथा का उल्लेख श्रीभविष्योत्तर पुराण में इस तरह से मिलता है–

बात द्वापर युग की है। मथुरा नगरी में राजा उग्रसेन का राज्य था। उनका पुत्र कंस परम प्रतापी होने के बावजूद अत्यंत निर्दयी स्वभाव का था। उसने भगवान् के स्थान पर स्वयं की पूजा करवाने के लिए प्रजा पर अनेक अत्याचार किए। यहां तक कि पिता को कारागार में बंद कर उनके राज्य की बागडोर स्वयं संभाल ली। उसके पापाचार और अत्याचारों से दुखी होकर पृथ्वी गाय का रूप धारण कर ब्रह्माजी के पास पहुंची, तो उन्होंने गाय और देवगणों को क्षीरसागर भेज दिया, जहां भगवान् विष्णु ने यह सब जानकर कहा–"मैं जल्द ही ब्रज में वसुदेव की पत्नी और कंस की बहन देवकी के गर्भ से जन्म लूंगा। तुम लोग भी ब्रज में जाकर यादव कुल में अपना शरीर धारण करो।"

जब वसुदेव और देवकी का विवाह हो चुका, तो विदाई के समय आकाशवाणी हुई–"अरे कंस! तेरी बहन का आठवां पुत्र ही तेरा काल होगा।" कंस यह सुनते ही क्रोधित होकर देवकी का वध करने पर उतारू हुआ। वसुदेव ने प्रार्थना करते हुए कहा कि वे अपनी सारी संतानें स्वतः ही उसे सौंप देंगे। इस पर कंस ने उनके वध करने का विचार त्याग कर उन्हें कारागार में डलवा दिया। देवकी को एक-एक करके सात संतानें हुईं, जिन्हें कंस ने मरवा डाला। भाद्रपद कृष्ण पक्ष की अष्टमी को रात्रि 12 बजे जब भगवान् विष्णु ने कृष्ण के रूप में जन्म लिया, तो चारों ओर दिव्य प्रकाश फैल गया और उसी वक्त आकाशवाणी हुई कि शिशु को गोकुल ग्राम में नंद बाबा के घर भेज कर उसकी कन्या को कंस को सौंपने की व्यवस्था

की जाए। वसुदेव ने बालक को जैसे ही उठाया, तो उनकी बेड़ियां खुल गईं। सभी पहरेदार सो गए और कारागार के सातों दरवाजे अपने आप खुल गए। मूसलाधार वर्षा होने के कारण यमुना में बाढ़ आई हुई थी, फिर भी वसुदेव के यमुना में पहुंचने पर रास्ता बन गया और नागराज ने वर्षा से बालक की रक्षा की। ब्रज में जाकर वसुदेव ने नंद गोप की पत्नी यशोदा, जो रात्रिकाल में सोई हुई थीं, के निकट श्रीकृष्ण को सुलाकर, माँ यशोदा की नवजात बालिका को वापस कारागार में ले आए। अंदर आते ही सारे दरवाजे अपने आप बंद हो गए। सब कुछ पहले जैसा ही हो गया। देवकी और वसुदेव के पैरों में बेड़ियां पड़ गईं और पहरेदार जाग गए।

कंस ने आठवीं संतान का समाचार सुना, तो वह कारागार में पहुंचा। देवकी की गोद से बालिका को छीनकर उसे मारने के लिए जैसे ही कंस ने उस कन्या को उठाया, तभी वह हाथ से छूटकर आकाश में उड़ गई। आकाश से कन्या ने कहा–'दुष्ट कंस! मुझे मारने से क्या लाभ? तेरा संहारकर्ता तो पैदा हो चुका है।' यह सुनकर कंस ने खोज-बीन कर पता लगा ही लिया कि मेरा शत्रु गोकुल में नंद गोप के यहां पल रहा है। उसका वध कराने के लिए कंस ने कई राक्षस और असुरों को भेजा, पर उन सबका संहार भगवान् कृष्ण ने कर दिया। बचपन में उनकी अलौकिक लीलाओं ने सबको चकित कर दिया था। बड़े होने पर कृष्ण ने कंस का वध करके प्रजा को भय और आतंक से मुक्ति दिलाई। अपने नाना उग्रसेन को फिर से राजगद्दी पर बैठाया तथा अपने माता-पिता को कारागार से छुड़ाया। भगवान् कृष्ण के इस दिव्य रूप को देखकर देवकी और वसुदेव उनके सामने नतमस्तक हो गए। भगवान् कृष्ण इस संसार में दिव्य रूप में आए और दिव्य रूप में ही उन्होंने प्रयाण किया।

दशहरा / विजयादशमी

(भगवान् राम में आस्था, विश्वास बढ़ाने व उनके आदर्शों पर चलने के लिए)

माहात्म्य : वर्षा ऋतु की समाप्ति और शरद् ऋतु के आगमन का सूचक दशहरा, अन्य त्योहारों में एक प्रमुख त्योहार है। दशहरे के नामकरण के संबंध में श्रीवाराह पुराण में कहा गया है कि ज्येष्ठ शुक्ल दशमी के दिन बुधवार को हस्त नक्षत्र में समस्त नदियों में श्रेष्ठ नदी गंगा स्वर्ग से धरा पर अवतीर्ण हुई थी, जो दस पापों को नष्ट करती है। इसीलिए इस तिथि को दशहरा करते हैं। चूंकि रावण के दस सिर थे और इसी दिन उसका हनन हुआ था, इसलिए भी यह त्योहार दशहरा के नाम से प्रसिद्ध हुआ तथा यह त्योहार आश्विन शुक्ल दशमी को मनाया जाने लगा।

दशहरा मनाने की परंपरा युगों से चली आ रही है। त्रेतायुग में अयोध्या के राजकुमार भगवान् श्रीराम ने लंका के घमंडी राजा रावण का वध करके विजयश्री प्राप्त की थी, इसलिए इस त्योहार को विजयादशमी के नाम से भी जाना जाता है। राम को ज्ञान, सत्य और देवत्व का प्रतीक माना जाता है, जबकि रावण अज्ञान, असत्य और दानवत्व का प्रतीक है। इस प्रकार विजयादशमी का त्योहार ज्ञान की अज्ञान पर, सत्य की असत्य पर, धर्म की अधर्म पर और देवत्व की दानवत्व पर विजय का प्रतीक है। पुराणों में उल्लेख किया गया है कि विजयादशमी की तिथि को देवराज इंद्र ने महादानव वृत्तासुर पर विजय प्राप्त किया था। पाण्डवों ने भी विजयादशमी के दिन ही द्रौपदी का वरण किया था। महाभारत का युद्ध भी विजयादशमी को ही आरंभ हुआ माना जाता है।

ज्योतिर्निबंध नामक ग्रंथ में लिखा है कि आश्विन शुक्ल दशमी को तारा उदय होने के समय 'विजय' नामक मुहूर्त (काल) होता है, जो सब कार्यों को सिद्ध करने वाला माना गया है। इसीलिए इस त्योहार का नाम विजयादशमी पड़ा होगा। महर्षि भृगु ने कहा है कि इस दिन सभी राशियों में सायंकाल के समय विजय मुहूर्त में यात्रा करना उत्तम होता है, दिन में नहीं। जो ग्यारहवां मुहूर्त है, उसे विजय कहते हैं। जो जीत चाहते हैं उन्हें इसी मुहूर्त में यात्रा करनी चाहिए। इस तिथि को भगवान् राम ने भगवती विजया का पूजन कर विजय प्राप्त की थी। इसीलिए इस दिन देवी विजया की पूजा की परंपरा है, जिसकी वजह से इस त्योहार का नाम विजयादशमी पड़ा।

चिंतामणि ग्रंथ में कहा गया है कि आश्विन शुक्ल दशमी के दिन तारों के उदय होने का जो समय है, उसका विजय से संबंध है, जो सारे काम और अर्थों को पूरा करने वाला है। जो आदर के साथ दशमी का व्रत करता है, वह मन के चाहे सब उद्देश्यों को पा जाता है। जो अपने कामों में सफलता चाहते हैं, ऐसे मनुष्य इस दिन दसों दिशाओं को पूजें, तो उनके मनोवांछित कार्य परिपूर्ण होते हैं।

स्कंद पुराण के मतानुसार दशहरे के दिन स्नान और दान का विशेष माहात्म्य है। अतः किसी भी नदी अथवा सरोवर पर जाकर अर्घ्य एवं तर्पण अवश्य करें। इससे व्यक्ति महापातकों के बराबर के दस पापों से छूट जाता है। इस दिन नीलकंठ पक्षी के दर्शन करना शुभ माना जाता है। दशहरे का त्योहार शस्त्र पूजन के पर्व के रूप में भी विख्यात है।

पूजन विधि-विधान : यह त्योहार प्रतिवर्ष आश्विन मास के शुक्ल पक्ष की दशमी को मनाया जाता है। इस दिन भगवान् श्रीराम ने भगवती विजया का पूजन कर विजय प्राप्त की थी। इसीलिए प्रातःकाल देवी का विधिवत् पूजन व विजया देवी की पूजा की परंपरा का विधान है। इस पर्व के दिन शमी वृक्ष की पूजा की जाती है। शमी वृक्ष को दृढ़ता और तेजस्विता का प्रतीक माना गया है। अन्य वृक्षों की अपेक्षा शमी के वृक्ष में अग्नि प्रचुर मात्रा में विद्यमान रहती है। इसी कारण यज्ञ में अग्नि उत्पन्न करने के मंथनदंड तथा अरणी आदि उपकरण इस वृक्ष की लकड़ी से ही बनाए जाते हैं। शमी के पूजन के पीछे यही भावना निहित होती है कि हम भी इसकी तरह ही दृढ़ और तेजोमय हों। रावण दहन के बाद लोग एक-दूसरे को शमी की सोनपत्ती देकर गले मिलते हैं तथा एक-दूसरे को बधाइयां देते हैं। सोनपत्ती देने के पीछे मान्यता यह है कि रावण-वध के बाद लंका के नए राजा विभीषण ने वहां का सारा सोना प्रजा में लुटा दिया था।

इस दिन दरवाजों पर गेंदे के फूलों की बंदनवार सजाई जाती है। शाम को सूर्यास्त के बाद बुराई के प्रतीक रावण, कुंभकर्ण और मेघनाथ के पुतले जलाने की परंपरा है।

भविष्य पुराण में लिखा है कि जो मनुष्य दशहरे के दिन गंगा के पानी में खड़ा होकर दस बार गंगा का मंत्र—**ॐ नमो भगवति हिलि हिलि मिलि मिलि गंगे मां पावय पावय स्वाहा।** और स्तोत्र को पढ़ता है, चाहे वह दरिद्र हो, चाहे असमर्थ, वह भी गंगा को पूजकर उस फल को प्राप्त करता है।

पौराणिक कथा : यह उल्लेख महाभारत में इस प्रकार है—

एक अवसर पर शिवजी से पार्वती ने दशहरे के त्योहार के प्रचलन व इसके फल के बारे में जानना चाहा, तो शिवजी ने कहा—''आश्विन शुक्ल दशमी को नक्षत्रों के उदय होने से विजय नामक काल बनता है, जो सब कामनाओं को पूर्ण करने वाला कहा जाता है। शत्रु पर विजय प्राप्त करने की इच्छा रखने वाले

राजा को इसी समय प्रस्थान करना चाहिए। श्रीराम ने इसी अवसर पर लंका पर चढ़ाई की थी और विजय प्राप्त की थी। इसी तिथि में शमी-वृक्ष से अस्त्र-शस्त्र उतारकर अर्जुन ने अपने शरीर पर धारण किए थे।''

जब पार्वती ने अर्जुन के अस्त्र-शस्त्र धारण करने के संबंध में जानना चाहा, तो शिवजी बोले—'पांडवों के जुए में हारने पर दुर्योधन ने यह शर्त रखी थी कि उन्हें वनवास के दौरान बारह वर्ष तक प्रकट रूप में और एक वर्ष अज्ञात अवस्था में रहना होगा। यदि तेरहवें वर्ष में उनका पता चल जाएगा, तो उन्हें फिर से बारह वर्ष का वनवास भुगतना पड़ेगा। इस कारण अर्जुन ने अपने अस्त्र-शस्त्र शमी वृक्ष पर रखकर वेश बदल राजा विराट के पास नौकरी की। विराट के पुत्र उत्तरकुमार ने गायों की सुरक्षा हेतु अर्जुन को साथ लिया और अर्जुन ने शमी वृक्ष पर से अपने प्रिय अस्त्र-शस्त्रों को उतार कर शत्रुओं पर विजय पाई। उल्लेखनीय है कि शमी वृक्ष ने अर्जुन के अस्त्र-शस्त्रों की रक्षा एक वर्ष तक की थी। इसके अलावा श्रीराम के विजयादशमी के दिन लंका पर चढ़ाई के लिए प्रस्थान करते समय भी शमी ने उन्हें विजयी होने की बात कही थी। इसीलिए शमी का पूजन विजयकाल में किया जाता है।

शरद पूर्णिमा

(मनोकामना सिद्धि एवं संतान की मंगलकामना के लिए)

माहात्म्य : नवरात्रि और विजयादशमी के बाद आने वाला सबसे महत्त्वपूर्ण पर्व है–शरद पूर्णिमा। भगवान् श्रीकृष्ण ने जगत की भलाई के लिए रासोत्सव का यह दिन निर्धारित किया है, क्योंकि इस रात्रि को ही सोलह कलाओं से पूर्ण चंद्रमा अपनी अमृतमयी चंद्रिका धरा पर बिखेरता है। शरद पूर्णिमा के दिन चंद्रमा व पृथ्वी की दूरी बहुत कम होती है, इसीलिए अमृत प्राप्ति की इच्छा से लोग शरद पूर्णिमा की रात्रि को दूध, दूध की खीर, घी और चीनी मिलाकर जमाने के लिए चंद्रमा की किरणों में रख देते हैं। चंद्रमा की किरणों में रखी गई खीर, मीठा दूध, रबड़ी, खांड खाने में बहुत ही स्वादिष्ट लगते हैं, जो स्वास्थ्य के लिए अत्यंत गुणकारी होते हैं।

शरद पूर्णिमा के दिन माताएं अपनी संतान की मंगलकामना के लिए व्रत रखती हैं और देवी-देवताओं की पूजा करती हैं। इस दिन मंदिरों में विशेष पूजन किया जाता है। ज्योतिषियों का मानना है कि संपूर्ण वर्ष में केवल शरद पूर्णिमा की रात्रि को ही चंद्रमा अपनी षोडश कलाओं वाला होता है। ऐसा जन-विश्वास है कि इस रात्रि को चंद्रमा की रोशनी में सुई में धागा पिरोने से आंखों की रोशनी बढ़ती है।

पूजन विधि-विधान : शरद पूर्णिमा का पर्व आश्विन मास के शुक्ल पक्ष की पूर्णिमा को मनाया जाता है। इस दिन प्रातःकाल स्नानादि नित्य कर्मों से निवृत्त होकर अपने आराध्य देव, कुल देवता की षोडशोपचार से पूजा-अर्चना एवं शंकर भगवान् के पुत्र कार्तिकेय की भी पूजा इस दिन करने का विधान है। एक पाटे

पर जल से भरा लोटा और गेहूं से भरा एक गिलास रखकर उस पर रोली से स्वस्तिक (卐) बनाकर चावल और दक्षिणा चढ़ाएं। फिर टीका लगाकर हाथ में गेहूं के तेरह दाने लेकर व्रत की कथा का श्रवण करें। इसके पश्चात् गेहूं से भरे गिलास को किसी ब्राह्मणी को सौंप दें। लोटे के जल और गेहूं को चंद्रमा को अर्घ्य देते हुए चढ़ाएं।

रात्रि में गाय के दूध में गोघृत और चीनी या मिस्री मिलाकर उसे चंद्रमा की किरणों में रखें। अर्धरात्रि को अपने आराध्य को अर्पण कर सभी को प्रसाद स्वरूप बांट दें। रात्रि जागरण करके भगवद् भजन-कीर्तन करें।

पौराणिक कथा : एक बार राधाजी ने भगवान् कृष्ण की अनन्य प्रेयसी मुरली (बांसुरी) से पूछा–''हे मुरली! तुमने ऐसा कौन-सा तप किया है, जो गिरिधर के मुख पर लगकर उनके अधरों का रसपान करती रहती हो?''

यह सुनकर मुरली ने मुस्करा कर कहा–''राधिके! मैंने इसके लिए बहुत ही कठोर तप किया है। मैं सुनसान स्थल पर जन्मी तो कोई भी मेरे जन्म पर खुशियां मनाने वाला नहीं था। एकांतवास में ही यौवन प्राप्त कर जब मैं गर्व से झूम रही थी, तो एक दिन एक कठोर हृदय व्यक्ति ने मेरे ऊपर लोहे के औजार का प्रयोग कर मेरे अंगों को काट-काटकर नष्ट कर दिया। इससे मेरा गर्व ही चूर-चूर नहीं हुआ, बल्कि असह्य पीड़ा को भी मैंने भोगा। मेरे दुखों का यहीं पर अंत नहीं हुआ। उसी व्यक्ति ने यंत्र के जरिए मुझमें सात छिद्र बनाए। इसके दर्द से मैं चीख तक पड़ी, लेकिन उस व्यक्ति पर कोई असर नहीं पड़ा। मुझे घर ले जाकर एक कोने में पटक दिया गया। वहीं से बालकृष्ण मुझे चुपचाप उठा लाए और जिस समय मेरी जन्मस्थली में जाकर कदंब के पेड़ के नीचे खड़े होकर शरद पूर्णिमा की चंद्र ज्योत्सना में मुझे अपने अधरों पर रखा, तो मैं अतीत के सारे कष्टों, दुखों को भूलकर तन्मय हो उठी। उस तन्मयता में ही उन्हीं की स्वर रागिनी में गूंज उठी। उस समय मेरी गूंज को सुनकर सारे ब्रजवासी अपना अस्तित्व भूल गए और जिधर मेरा स्वर गूंज रहा था, उसी दिशा में दौड़ पड़े। उस मदमाती रात्रि में अमृत वर्षा के समय श्रीकृष्ण ने महारास रचाया। इस तरह मेरे जीवन का संगीत सबको सुनना उपलब्ध हुआ।

नवरात्र / दुर्गा पूजन व्रत

(दुर्गा आराधन, सुख-शांति, धन-वैभव और यश के लिए)

माहात्म्य : अध्यात्म क्षेत्र में मुहूर्त के रूप में नवरात्र पर्व को विशेष मान्यता प्राप्त है। जैसे आत्मिक प्रगति के लिए कभी भी किसी मुहूर्त की प्रतीक्षा नहीं की जाती, ठीक वैसे ही नवरात्र में प्रारंभ किए गए प्रयास, शुभ कार्य में संकल्पबल के सहारे देवी दुर्गा की कृपा से सफल होते हैं। नवरात्र के नौ दिनों में शरीर व मस्तिष्क में विशिष्ट रसस्रावों की बहुलता के कारण उल्लास, उमंगें जन्म लेती हैं। शिवपुराण में नवरात्र के माहात्म्य के संबंध में लिखा है—

नवरात्रव्रतस्यास्य प्रभाव वक्तुमीश्वरः।
चतुरास्यो न पंचास्यो न षडास्यो न कोऽपर॥

—शिव पुराण/भक्ति योग वर्णन 74

नवरात्र के व्रत का ऐसा अटल एवं अद्भुत माहात्म्य होता है, जिसे ब्रह्मा, शिव, स्वामी कार्तिकेय तथा अन्य कोई देव भी वर्णन करने में असमर्थ हैं। इसी पुराण के श्लोक 75 से 77 में यह भी लिखा है कि इस नवरात्र के व्रत को करके पहले राजा विरथ के पुत्र सुरथ ने अपने अपहृत राज्य की प्राप्ति की थी। इसी महाव्रत के प्रभाव से महामनीषी ध्रुवसन्धि के पुत्र अयोध्या के अधीश्वर राजा सुदर्शन ने छिने हुए राज्य को पुनः प्राप्त कर लिया था। इसी व्रत को करके समाधि नामक वैश्य महेश्वरी भगवती की कृपा से उसकी आराधना के द्वारा संसार के बंधनों से छूट कर मुक्त हो गया था।

देवी पुराण में कहा गया है कि नवरात्रि के व्रत महासिद्धि देने वाले, सभी शत्रुओं का दमन करने वाले, सब कार्यों को पूरा करने वाले, यश, धन-धान्य, राज्य, पुत्र, संपत्ति सबकी प्राप्ति कराते हैं।

भगवान् श्रीराम ने रावण पर विजय पाने के लिए नवरात्र में शक्ति की पूजा की थी। इस व्रत को भगवान् शिव ने भी किया था। नवरात्र के दिन शक्ति पूजन, शक्ति संवर्द्धन और शक्ति संचय के होते हैं। इसीलिए इस दौरान शक्ति की आराधना की जाती है। नवरात्र में महामाया दुर्गा पूजन के साथ-साथ कन्या पूजन का भी माहात्म्य है। दुर्गा सप्तशती में दुर्गा माहात्म्य के विषय में कहा गया है कि शुम्भ, निशुम्भ तथा महिषासुर आदि तामसिक असुरों की वृद्धि होने से सब देवताओं ने आदि शक्ति महामाया दुर्गा की उपासना की थी। दुर्गा देवी ने प्रसन्न होकर चैत्र तथा आश्विन शुक्ल प्रतिपदा से दशमी पर्यन्त देवी पूजन व व्रत का विधान बताया, तभी से नवरात्र पर्व मनाने की परंपरा प्रारंभ हुई।

पूजन विधि-विधान : नवरात्र का पर्व वर्ष में दो बार मनाने का विधान है। पहला चैत्र शुक्ल प्रतिपदा से नवमी तक मनाए जाने वाले नवरात्र को वासंतिक और आश्विन शुक्ल प्रतिपदा से नवमी तक मनाए जाने वाले दूसरे नवरात्र को शारदीय नवरात्र कहा जाता है। शास्त्रों के अनुसार शारदीय नवरात्र का ज्यादा महत्त्व बताया गया है। नवरात्र के नौ दिनों में देवी भगवती के नौ रूप—शैलपुत्री, ब्रह्मचारिणी, चंद्रघंटा, कूष्मांडा, स्कंदमाता, कात्यायनी, कालरात्रि, महागौरी और सिद्धिदात्री की पूजा-आराधना करने का विधान है।

नवरात्र के पहले दिन घट स्थापना कर देवी प्रतिमा स्थापित की जाती है। प्रतिपदा के दिन प्रातःकाल नित्य कर्म, स्नानादि से निवृत्त होकर नवरात्र व्रत का संकल्प करें तथा गणपति पूजन, पुण्याहवाचन कर मातृकाओं का विधिवत् पूजन करें। भूमि पर एक चौकी बनाकर पूर्व-पश्चिम दिशा की ओर मिट्टी के एक कलश (घट) में पानी भरकर हरे पत्ते डालें और चंदन लगाकर सर्व औषधि संस्कार करें। आम्र, दूर्वा, पंचपल्लव, पंच रत्न घट में डालकर उस पर सूत या वस्त्र लपेटें। उसके बाद घट के मुख पर गेहूं/जौ से भरा पूर्ण पात्र रखकर वरुण का पूजन करें। भगवती का आह्वान करें। मिट्टी के दो बड़े कटोरों में काली मिट्टी भरकर उसमें गेहूं के दाने बोकर ज्वार उगाए जाते हैं। इन्हें टोकनी से ढककर और हलदी के पानी से सींचकर पीला रंग दिया जाता है। व्रती को घट के समीप नौ दिन तक अखंड दीपक जलाना अनिवार्य होता है। दशमी पर्यंत घट के सामने नित्य शतचंडी और दुर्गासप्तशती का पाठ और श्रीमद्देवी भागवत का श्रवण करना चाहिए। अंतिम दिन हवन करके कन्या पूजन व भोजन का आयोजन करना चाहिए, फिर व्रत का समापन करें। दशमी के दिन प्रतिमा, घट और ज्वारों का विसर्जन करें। व्रत के दौरान व्रती को संयमित जीवन व्यतीत करना चाहिए। एक समय भोजन करते हुए नौ दिन बिताने चाहिए।

कन्या पूजन का विधान यूं है कि पूजक को ज्ञान प्राप्ति के लिए किसी ब्राह्मण कन्या का, बल प्राप्ति के लिए क्षत्रिय कन्या का, धन प्राप्ति के लिए वैश्य कन्या का और शत्रु विजय, मारण आदि सिद्धि के लिए चांडाल कन्या का पूजन करना चाहिए। इस प्रकार नवरात्र में कन्या पूजन का वैदिक विधान जहां एक प्राकृतिक धर्मानुष्ठान है, वहीं मानव संगठन और चारित्र्य-संरक्षण का भी एक अनुपम अभियान है। पूजन के लिए 2 वर्ष से 10 वर्ष की कन्या चुनने का विधान है। दो वर्ष की कन्या कुमारी, तीन वर्ष की त्रिमूर्ति, चार वर्ष की कल्याणी, पांच वर्ष की रोहिणी, छह वर्ष की काली, सात वर्ष की चंडिका, आठ वर्ष की शांभवी तथा नौ वर्ष की दुर्गा और दस वर्ष की सुभद्रा के नाम से पूजी जानी चाहिए। ग्यारह वर्ष से ऊपर और एक वर्ष से कम की कन्या

का पूजन विधानानुसार वर्जित किया गया है। देवी भगवती होम, जप, दान से इतनी प्रसन्न नहीं होतीं, जितनी कन्या पूजन से होती हैं। उल्लेखनीय है कि समस्त नारी महामाया की प्रतिकृति हैं। कन्याएं निर्विकार होने के कारण दुर्गारूप में पूजने योग्य हैं।

तंत्र ग्रंथों के अनुसार कन्या पूजन से भगवती प्रसन्न होती हैं। उनको भोजन कराने से देवी आनंदित होती हैं और जहां कुमारी कन्या का पूजन होता है, वहां भगवती का निवास होता है। ऐसा विश्वास किया जाता है कि जो कन्यारूपी देवी को पूजन के उपरांत बालप्रिय फल, नैवेद्य, भोजनादि से तृप्त करता है, उसने जैसे त्रैलोक्य को तृप्त कर लिया। कुमारी कन्या पूजन से मनुष्य को लक्ष्मी, सम्मान, पृथ्वी, विद्या, महान् तेज प्राप्त होता है और रोग, दुष्ट ग्रह, भय, शत्रु, विघ्न शांत होकर दूर हो जाते हैं। यहां तक कि बुरे स्वप्न एवं दुखदायक समय भी नहीं आता।

पौराणिक कथा : इस कथा का श्रीमार्कण्डेय पुराण में इस प्रकार वर्णन आया है—

कहा जाता है कि एक बार दैत्य गुरु शुक्राचार्य के कहने पर दैत्यों ने घोर तपस्या कर ब्रह्माजी को प्रसन्न किया और वर मांगा कि उन्हें कोई पुरुष, जानवर और शत्रु न मार सकें। ब्रह्माजी द्वारा वरदान मिलते ही असुर अत्याचार करने लगे। महिषासुर नामक दैत्य ने देवताओं को अत्यधिक पीड़ित, आतंकित करना शुरू कर दिया। घबराकर देवराज इंद्र के नेतृत्व में देवताओं ने ब्रह्मा के पास जाकर अपनी रक्षा की गुहार की। तब देवताओं की रक्षा के लिए ब्रह्मा ने वरदान का भेद बताते हुए कहा कि असुरों का सर्वनाश कोई स्त्री-शक्ति ही कर सकती है। ब्रह्माजी की सलाह से देवताओं ने अपनी-अपनी शक्तियां प्रदान कर उनके सम्मिलित रूप से एक अदम्य शक्ति रूपी देवी का सृजन किया। उसने महिषासुर के साथ नौ दिन तक भयानक युद्ध किया और दसवें दिन उसे मारने में सफल हुई। जब तक देवी महिषासुर से युद्ध करती रही, तब तक सभी देवी-देवता और धरती के स्त्री-पुरुष उस शक्तिस्वरूपा, सिंहवाहिनी की पूजा-अर्चना करते रहे। महिषासुर के वध से प्रसन्न होकर कन्याओं को खिला-पिलाकर, दान-दक्षिणा देने की परंपरा तभी से चल पड़ी, जिसका निर्वाह आज भी नवरात्रों में किया जाता है। चूंकि देवी ने रौद्र रूप धारण कर असुरों का संहार किया था, इसीलिए शारदीय नवरात्र को 'शक्ति पर्व' के रूप में मनाया जाता है।

इसी प्रकार चैत्र शुक्ल प्रतिपदा से नौ दिन तक देवों के आह्वान पर असुरों के संहार के लिए माता पार्वती ने भी नौ रूप उत्पन्न किए। उन्हें शक्ति संपन्न करने के लिए सभी देवताओं ने अस्त्र-शस्त्र दिए। फिर देवी ने असुरों का वध किया। यह सब चैत्र मास में नौ दिन तक घटा था, इसलिए चैत्र मास में भी नवरात्र मनाए जाते हैं।

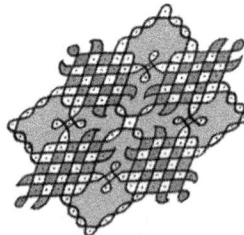

करवा चौथ / करक चतुर्थी

(स्त्रियों का व्रत : पति की मंगलकामना और अखंड सौभाग्य प्राप्त करने के लिए)

माहात्म्य : यह व्रत सौभाग्यवती स्त्रियों द्वारा अपने अखंड सौभाग्य (सुहाग), पति के स्वस्थ एवं दीर्घायु होने की मंगल कामना के लिए किया जाता है। जो सुहागिन स्त्री प्रातःकाल से ही निर्जला व्रत रहकर संध्याकाल में इस कथा को श्रवण करती है, रात्रि में चंद्रमा को अर्घ्य देकर भोजन करती है, उसको शास्त्रानुसार पुत्र, धन-धान्य, सौभाग्य एवं अतुलयश की प्राप्ति होती है। चूंकि यह स्त्रियों का अपने सुहाग की रक्षा के लिए एक मुख्य त्योहार है, इसीलिए यह अन्य व्रतों में सर्वाधिक प्रिय व्रत माना जाता है।

पूजन विधि-विधान : यह व्रत कार्तिक मास के कृष्ण पक्ष की चतुर्थी को रखा जाता है। इसे करने का अधिकार केवल स्त्रियों को ही है, क्योंकि स्त्रियों को ही इसकी फलश्रुति मिलती है। व्रत रखने वाली स्त्री प्रातःकाल नित्यकर्मों से निवृत्त होकर, स्नान एवं संध्या आदि करके, आचमन के बाद संकल्प लेकर यह कहे कि मैं अपने सौभाग्य एवं पुत्र-पौत्रादि तथा निश्चल संपत्ति की प्राप्ति के लिए करवा चौथ के व्रत को करूंगी। यह व्रत निराहार ही नहीं, अपितु निर्जला के रूप में करना अधिक फलप्रद माना जाता है। इस व्रत में शिव-पार्वती,

कार्तिकेय और गौरा का पूजन करने का विधान है। चंद्रमा, शिव, पार्वती स्वामी कार्तिकेय और गौरा की मूर्तियों की पूजा षोडशोपचार विधि से विधिवत करके एक तांबे या मिट्टी के पात्र में चावल, उड़द की दाल, सुहाग

की सामग्री; जैसे–सिंदूर, चूड़ियां, शीशा, कंघी, रिबन और रुपया रखकर किसी श्रेष्ठ सुहागिन स्त्री या अपनी सास के पांव छूकर उन्हें भेंट कर देनी चाहिए।

सायं वेला पर पुरोहित से अवश्य कथा सुनें, दान-दक्षिणा दें। तत्पश्चात् रात्रि में जब पूर्ण चंद्रोदय हो जाए तब चंद्रमा को छलनी से देखकर अर्घ्य दें, आरती उतारें और अपने पति का दर्शन करते हुए पूजा करें। इससे पति की उम्र लंबी होती है।

पौराणिक कथा : इस व्रत की कथा का उल्लेख श्रीवामन पुराण में इस प्रकार उल्लिखित है–

एक बार द्रौपदी ने अपने कष्टों के निवारण के लिए भगवान् श्रीकृष्ण से कोई उपाय पूछा, तो उन्होंने एक कथा सुनाई–किसी समय इंद्रप्रस्थ में वेद शर्मा नामक एक विद्वान् ब्राह्मण रहता था। उसकी पत्नी लीलावती से उसके परम तेजस्वी सात पुत्र और एक सुलक्षणा वीरावती नामक पुत्री पैदा हुई। वीरावती के युवा होने पर उसका विवाह एक उत्तम ब्राह्मण से कर दिया गया। जब कार्तिक कृष्ण चतुर्थी आई, तो वीरावती ने अपनी भाभियों के साथ बड़े प्रेम से यह व्रत शुरू किया। लेकिन भूख-प्यास से पीड़ित होकर वह चंद्रोदय के पूर्व ही बेहोश हो गई। बहन को बेहोश देखकर सातों भाई व्याकुल हो गए और इसका उपाय खोजने लगे। उन्होंने अपनी लाडली बहन के लिए पेड़ के पीछे से जलती मशाल का उजाला दिखाकर बहन को होश में लाकर चंद्रोदय निकलने की सूचना दी, तो उसने विधिपूर्वक अर्घ्य देकर भोजन कर लिया। ऐसा करने से उसके पति की मृत्यु हो गई। अपने पति के मृत्यु से वीरावती व्याकुल हो उठी। उसने अन्न-जल का त्याग कर दिया। उसी रात्रि में इंद्राणी पृथ्वी पर विचरण करने आई। ब्राह्मण-पुत्री ने उससे अपने दुख का कारण पूछा, तो इंद्राणी ने बताया–"हे वीरावती! तुमने अपने पिता के घर पर करक चतुर्थी का व्रत किया था, पर वास्तविक चंद्रोदय के होने से पहले ही ही अर्घ्य देकर भोजन कर लिया, इसीलिए तुम्हारा

पति मर गया। अब उसे पुनर्जीवित करने के लिए विधिपूर्वक उसी करक चतुर्थी का व्रत करो। मैं उस व्रत के ही पुण्य प्रभाव से तुम्हारे पति को जीवित करूंगी।''

वीरावती ने बारह मास की चौथ सहित करवा चौथ का व्रत पूर्ण विधि-विधानानुसार किया, तो इंद्राणी ने अपनी प्रतिज्ञा के अनुसार प्रसन्न होकर चुल्लूभर पानी उसके पति के मृत शरीर पर छिड़क दिया। ऐसा करते ही उसका पति जीवित हो उठा। घर आकर वीरावती अपने पति के साथ वैवाहिक सुख भोगने लगी। समय के साथ उसे पुत्र, धन, धान्य और पति की दीर्घायु का लाभ मिला। जो सुहागिन नारी विधिपूर्वक इस व्रत का पालन करती है, उसके सारे दुख दूर हो जाते हैं और वह अपने पति के साथ जीवन भर आनंदपूर्वक रहती है।

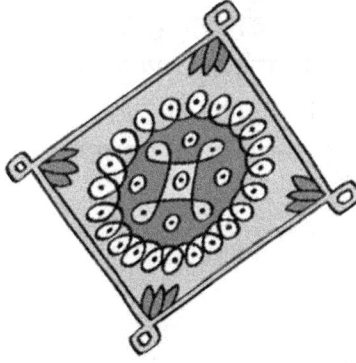

अहोई अष्टमी

(पुत्र की दीर्घायु के लिए)

माहात्म्य : कार्तिक कृष्ण पक्ष की सप्तमी या अष्टमी के दिन यानी जिस वार की दीपावली हो, उसके एक सप्ताह पहले उसी वार को अहोई अष्टमी का व्रत किया जाता है। पुत्र की दीर्घ आयु एवं सुख-समृद्धि के लिए माताएं अहोई माता की पूजा करके यह व्रत रखती हैं।

पूजन विधि-विधान : उपरोक्त तिथि को सारे दिन व्रत रखकर सब प्रकार की कच्ची स्याऊ रसोई बनाई जाती है। संध्या को दीवार में आठ कोष्ठक की एक पुतली लिखी जाती है। उसी के समीप स्याऊ (सेही) के बच्चों की और सेई की आकृति बनाई जाती है। जमीन पर चौक पूरकर कलश की स्थापना की जाती है। रसोई का थाल लगाकर भोग के लिए तैयार रखा जाता है। कलश पूजन के बाद अष्टमी (दीवार में लिखी हुई चित्रकारी) का विधिवत पूजन होता है। तब दूध भात का भोग लगाया जाता है और नीचे लिखी कथा कही जाती है—

प्रचलित कथा : एक नगर में एक साहूकार रहता था। उसके सात पुत्र और एक पुत्री थी। साहूकार के सभी बेटे-बेटी विवाहित थे। एक दिन साहूकार के बेटों की बहुएं अपनी ननद के साथ मिट्टी खोदने गईं। मिट्टी खोदते समय साहूकार की बेटी से संयोगवश कुदाली स्याऊ (सेही) के बच्चे को लग गई, जिससे उसकी मृत्यु हो गई। अनजाने में हुए इस पाप से बेटी को बहुत दुख हुआ।

स्याऊ को जब ज्ञात हुआ कि इसने मेरे बच्चे को मार डाला है, तो उसने ननद की कोख बांधनी चाही। तब ननद ने अपनी भाभियों से आग्रह किया कि वे मेरी बजाए अपनी कोख बंधवा लें। इस पर छहों बड़ी भाभियों ने कोख बंधवाने से मना कर दिया, लेकिन सबसे छोटी भावज ने ननद के बदले अपनी कोख यह सोचकर बंधवा ली कि जेठानियों के बेटा-बेटी भी तो मेरे ही बच्चों के समान होंगे। यदि ननद की कोख बंध गई, तो इससे सास को भी दुख होगा। समय बीतता गया और छोटी बहू के जन्मे सातों बेटे एक के बाद एक मरते चले गए। इससे दुखी होकर छोटी बहू ने कई पंडितों को बुलाकर स्याऊ के शाप से मुक्ति पाने के उपाय पूछे। इस पर पंडितों ने बताया कि तुम गऊ की पूजा करो। वह स्याऊ माता की बहन है। वह कहेगी तो स्याऊ तुम्हारी कोख खोल देगी।

छोटी बहू प्रतिदिन गऊ की पूजा करने लगी। सेवा-पूजा से प्रसन्न हो एक दिन गऊ माता ने कहा–"तुझे मेरी सेवा करते बहुत दिन हो गए हैं, बता क्या चाहती है?" तब साहूकार की बहू ने पूरी घटना गऊ को सुनाते हुए कहा–'स्याऊ से मेरी कोख छुड़वा दे।' गऊ ने कहा–'कल सवेरे अंधेरे में आना।' अगले दिन वह जल्दी ही गऊ के पास गई। गऊ उसे लेकर घने जंगल में स्याऊ माता के पास आई। स्याऊ ने गऊ को देखकर कहा, आओ बहन बहुत दिनों में आई हो। यह तुम्हारे साथ कौन है?'

गऊ बोली–"यह मेरी भक्त है और मेरी बहुत सेवा करती है।" तब स्याऊ बोली–"मुझे भी मेरे बच्चों की रखवाली के लिए किसी की आवश्यकता है।" इस पर छोटी बहू ने स्याऊ के बच्चों की रखवाली करने की बात स्वीकार ली और वह वहीं रहने लगी। बहू उन सबकी खूब सेवा करती। यह देखकर एक दिन स्याऊ बोली–'तुम इतनी उदास क्यों रहती हो?' बहू की आंखों में आंसू आ गए। बहू को रोती देख स्याऊ ने कहा–'मुझे बता क्या बात है, मैं तेरा संकट दूर करूंगी।' इस पर बहू बोली–'वचन दो।' स्याऊ ने वचन दे दिया। तब उसने अपनी कोख बंधने वाली सारी घटना स्याऊ को बता दी। सुनकर स्याऊ ने कहा–"तूने मुझे ठग लिया है, लेकिन कोई बात नहीं, मैं तेरी कोख खोलती हूं–आज से तेरी कोई भी संतान नहीं मरेगी।" इसके बाद स्याऊ ने बहुत सारा धन देकर बहू को वहां से विदा किया। बहू ने घर आकर देखा तो उसके मरे हुए सातों बेटे जीवित मिले। उस दिन अहोई का व्रत था। सभी के साथ-साथ उसने अहोई माता का व्रत रखा, कथा कही एवं पूजा की।

धन तेरस
(दीर्घायु एवं स्वस्थ जीवन हेतु)

माहात्म्य : धनतेरस का त्योहार दीपावली आने की पूर्व सूचना देता है। इस दिन भगवान् धन्वंतरि क्षीरसागर से अमृत कलश लेकर प्रकट हुए थे, इसलिए वैद्य समाज हर्षोल्लास के साथ 'धन्वंतरि जयंती' मनाता है। उल्लेखनीय है कि अमृतपान करने वाला प्राणी अमर हो जाता है, इसीलिए धन्वंतरि भगवान् ने देवताओं को अमृतपान करवाकर अमर कर दिया था। भगवान् विष्णु के अंश से अवतरित भगवान् धन्वंतरि आयुर्वेद के प्रवर्तक तथा आरोग्य के देवता रूप में प्रतिष्ठित हुए हैं। यही कारण है कि धनतेरस के दिन दीर्घायु और स्वस्थ जीवन की कामना के लिए भगवान् धन्वंतरि के पूजन का विशेष माहात्म्य है।

धनतेरस की प्राचीनता का प्रमाण वैदिक साहित्य में भी पाया जाता है। चूंकि यमराज वैदिक देवता माने जाते हैं, इसलिए इस दिन यमराज की भी पूजा की जाती है। धनतेरस के दिन लक्ष्मी का आवास घर में माना जाता है। इस तिथि को पुराने बर्तनों के बदले नया बर्तन खरीदना शुभ माना गया है। ऐसा विश्वास किया जाता है कि चांदी के बर्तन खरीदने से अधिक पुण्य लाभ मिलता है।

पूजन विधि-विधान : यह त्योहार कार्तिक मास के कृष्ण पक्ष की त्रयोदशी को मनाया जाता है। इस दिन यमराज के लिए आटे से निर्मित दीपक बनाकर घर के मुख्य द्वार पर रखने का विधान है। रात्रि को घर की स्त्रियां इस दीपक में तेल डालकर चार बत्तियां जलाती हैं और जल, रोली, चावल, फूल, गुड़, नैवेद्य

आदि सहित दीपक जलाकर यमराज का पूजन करती हैं। हल जुती मिट्टी को दूध में भिगोकर सेमर वृक्ष की डाली में लगाएं और उसको तीन बार अपने शरीर पर फेर कर कुंकुम का टीका लगाएं और दीप प्रज्वलित करें।

इस दिन भगवान् धन्वंतरि का विधिवत पूजन करने का विशेष महत्त्व है।

पौराणिक कथा : धन तेरस की कथा का पुराणों में वर्णन इस प्रकार हुआ है—

एक समय यमराज ने अपने दूतों से पूछा कि क्या कभी तुम्हें प्राणियों के प्राण का हरण करते समय किसी पर दयाभाव भी आया है, तो वे संकोच में पड़कर बोले—"नहीं महाराज! हमें दयाभाव से क्या मतलब। हम तो बस, आपकी आज्ञा का पालन करने में लगे रहते हैं।"

यमराज ने उनसे दुबारा पूछा तो उन्होंने संकोच छोड़कर बताया कि एक बार एक ऐसी घटना घटी थी, जिससे हमारा हृदय कांप उठा था। हेम नामक राजा की पत्नी ने जब एक पुत्र को जन्म दिया तो ज्योतिषियों ने नक्षत्र गणना करके बताया कि यह बालक जब भी विवाह करेगा, उसके चार दिन बाद ही मर जाएगा। यह जानकर उस राजा ने बालक को स्त्रियों की छाया तक से बचाने हेतु यमुना तट की एक गुफा में ब्रह्मचारी के रूप में रखकर बड़ा किया। संयोग से एक दिन जब महाराजा हंस की युवा बेटी यमुना तट पर घूम रही थी तो उस ब्रह्मचारी युवक ने मोहित होकर उससे गंधर्व विवाह कर लिया। चौथा दिन पूरा होते ही वह राजकुमार मर गया। अपने पति की मृत्यु देखकर उसकी पत्नी बिलख-बिलख कर रोने लगी। उस नवविवाहिता का करुण विलाप सुनकर हमारा हृदय भी कांप उठा। हमने जीवन में कभी भी ऐसी सुंदर जोड़ी नहीं देखी थी। वे दोनों साक्षात् कामदेव व रति के अवतार मालूम होते थे। उस राजकुमार के प्राण हरण करते समय हमारे आंसू नहीं रुक रहे थे।

यह सुनकर यमराज ने कहा—"क्या करें, विधि के विधानानुसार उसकी मर्यादा निभाकर हमें ऐसे अप्रिय कार्य करने ही पड़ते हैं।"

'क्या अकाल मृत्यु से बचने का कोई उपाय नहीं है?' एक यमदूत ने उत्सुकतावश पूछा। यमराज बोले—"हां उपाय तो है। अकाल मृत्यु से छुटकारा पाने के लिए व्यक्ति को धनतेरस के दिन पूजन और दीपदान विधिपूर्वक करना चाहिए। जहां यह पूजन होता है, वहां अकाल मृत्यु का भय नहीं सताता।"

कहते हैं कि तभी से धनतेरस के दिन यमराज के पूजन के पश्चात् दीपदान करने की परंपरा प्रचलित हुई।

दीपावली / लक्ष्मी पूजन
(ऋद्धि-सिद्धि, धन, वैभव प्राप्ति के लिए)

माहात्म्य : अमावस्या के गहन अंधकार के विरुद्ध नन्हें दीपकों के प्रकाश का संघर्ष रूपी संदेश देने वाला दीपावली का त्योहार भारतीय सभ्यता, संस्कृति का एक सर्व प्रमुख त्योहार है। **तमसो मा ज्योतिर्गमय** के वेदवाक्य का संदेश देने वाली दीपावली प्रतिवर्ष कार्तिक कृष्ण अमावस्या को हर्षोल्लास के साथ लक्ष्मी पूजन करके न केवल हमारे देश में, बल्कि विदेशों में भी मनाई जाती है। इस दिन भगवान् राम चौदह वर्षों का वनवास पूरा करके और रावण का वध कर श्रीलंका विजय प्राप्त करके अयोध्या लौटे थे। फिर अयोध्या के राजा पद पर उनका राज्याभिषेक कार्तिक की अमावस्या को महर्षि वसिष्ठ द्वारा किया गया था। इस खुशी में राज्य की प्रजा ने घर-घर दीपकों की रोशनी की और स्वादिष्ट व्यंजन बनाए। तभी से यह परंपरा आज तक चली आ रही है।

भगवान् विष्णु ने दैत्यराज बलि की कैद से लक्ष्मी सहित अन्य देवताओं को छुड़वाया तो उनका सारा धन-धान्य, राजपाट एवं वैभव लक्ष्मीजी की कृपा से ही पुनः परिपूर्ण हुआ था। इसीलिए दीपावली के दिन लक्ष्मी पूजन किया जाता है। लक्ष्मी की स्तुति में स्वयं देवराज इंद्र ने कहा है—सिद्धि, बुद्धि, प्रदात्री, भोग और मुक्ति दोनों को प्रदान करने वाली, मंत्रपूता आद्या शक्ति, सर्वशक्तियुक्ता, योग का आधार लक्ष्मी ही है, जिसके बिना कुछ भी नहीं चल सकता।

भर्तृहरि संहिता में कहा गया है कि जिसके पास लक्ष्मी (धन) है, वही कुलीन है, वही पंडित है, वही गुणी है, वही श्रेष्ठ है, वही दर्शनीय है। मतलब यह है कि ये सभी गुण लक्ष्मी के आश्रित हैं। मनुष्य के जीवन में जो सात प्रधान सुख माने गए हैं, वे सभी लक्ष्मी के अधीन हैं। लक्ष्मी कृपा से ही इन सुखों की पूर्ण प्राप्ति संभव है। स्त्री की शक्ति पुरुष और पुरुष की शक्ति लक्ष्मी अर्थात धन-संपदा ही है। मनुष्य तो क्या देवताओं को भी अपने देवत्व कार्य पूर्ण करने के लिए लक्ष्मी की आराधना करनी पड़ती है। देवराज इंद्र भी लक्ष्मी की कृपा पर आश्रित हैं। जगत् के पालनकर्ता विष्णु भगवान् भी लक्ष्मी के सहयोग से ही कार्य करते हैं। लक्ष्मी भोग की अधिष्ठात्री देवी हैं, इनकी सिद्धि से ही जीवन में भौतिक सुख-सुविधाएं प्राप्त होती हैं। जहां लक्ष्मी का वास होता है, वहां सुख-समृद्धि एवं आनंद मिलता है। दरिद्रता की काली छाया वहां नहीं फटकती।

महाभारत के रचयिता महर्षि वेदव्यास लिखते हैं—**पुरुषां धनं वधः** अर्थात लक्ष्मी का अभाव तो मनुष्य के लिए मृत्यु का चिह्न है। यदि मनुष्य पर लक्ष्मी की कृपा न हो तो इच्छाएं अधूरी रह जाने पर उसकी आत्मा को मुक्ति नहीं मिलती।

श्रीब्रह्म पुराण में उल्लेख किया गया है कि दीपावली की अर्धरात्रि में लक्ष्मीजी सद्गृहस्थों के घरों में जहां-तहां विचरण करती रहती हैं। इसलिए लक्ष्मी के स्वागत के लिए सभी श्रद्धायुक्त जन अपने-अपने घरों को सभी प्रकार से स्वच्छ, शुद्ध और सुंदर रीति से सजाकर रखते हैं, ताकि लक्ष्मी प्रसन्न होकर उनके घर में प्रवेश करें व अपनी कृपा दिखाएं।

चूंकि दीपावली की अमावस्या से पितरों की रात आरंभ होती है, इसलिए इस दिन आकाशदीप (कंदील) जलाने की प्रथा है, ताकि पितर मार्ग से भटक न जाएं। वैश्य (बनिया) अपने बही खाते भी दीपावली के दिन ही बदलकर नए बनाते हैं।

भगवान् शंकर और पार्वती के बीच जुआ खेलने के प्रसंग को लेकर आज तक लोग दीवाली की रात जुआ खेलते चले आ रहे हैं। उस जुए में तो भगवान् शंकर पराजित हो गए थे, लेकिन आम लोगों में यह अंधविश्वास कायम है कि इस दिन जिसकी जीत होती है, वह पूरे वर्ष जुए में जीतता है और जो हार जाता है, वह पूरे वर्ष हारता ही है।

पूजन विधि-विधान : पुराणों में ऐसा उल्लेख मिलता है कि लक्ष्मीजी का पूजन भगवान् नारायण ने बैकुंठ में सबसे पहले किया, उसके बाद दूसरी बार ब्रह्मा ने, तीसरी बार शिवशंकर ने किया था। दीपावली के त्योहार को कार्तिक मास के कृष्ण पक्ष की अमावस्या के दिन मनाया जाता है। वैसे यह त्योहार त्रयोदशी, धनतेरस से शुरू होकर द्वितीया, भैया दूज तक चलता है। इस दिन लक्ष्मीजी के साथ श्रीगणेश के पूजन की परंपरा है।

'लक्ष्मी तंत्र' के अनुसार इंद्र द्वारा लक्ष्मी की कृपा पाने का उपाय पूछने पर स्वयं लक्ष्मी ने कहा है कि जो व्यक्ति नैमित्तिक कार्य का आचरण करते हुए मेरी कृपा प्राप्ति की इच्छा करते हुए मेरी आराधना करता है, उसी मनुष्य पर मैं पूर्ण रूप से प्रसन्न होती हूं। निःसंदेह जो सात्विक मन से, पूर्ण प्रीति से लक्ष्मी आराधना संपन्न करता है, वह अपने जीवन की दरिद्रता को मिटा सकता है। प्राचीन काल से ही लोग लक्ष्मी विनायक गणपति यंत्र, श्रीयंत्र, कुबेर यंत्र व कनकधारा यंत्र की पूजा उपासना करके महालक्ष्मी की कृपा प्राप्त करते आए हैं।

ऋग्वेद के श्रीसूक्त में भी भगवती लक्ष्मी से प्रार्थना की गई है–''हे देवी, मैं आपका वरण करता हूं। आप दरिद्रा, अलक्ष्मी का नाश कर मेरे घर से अभूति, असमृद्धि को दूर करें।''

शास्त्र वर्णित है कि जिस स्थान पर भगवान् श्रीहरि की चर्चा होती है, उनके गुणों का कीर्तन होता है, भगवान् श्रीकृष्ण तथा उनके भक्तों का यश गाया जाता है, जहां शंख ध्वनि होती है, शंख, शालग्राम, तुलसी का निवास रहता है, उनकी सेवा, वंदना, ध्यान होता है। जहां शिवलिंग की पूजा, दुर्गा की पूजा व कीर्तन होता है, जहां ब्राह्मणों की सेवा होती है और उन्हें उत्तम पदार्थ भोजन में कराए जाते हैं तथा संपूर्ण देवताओं का अर्चन होता है; वहां लक्ष्मी सदा विद्यमान रहती हैं।

लक्ष्मी पूजन की तैयारी सायंकाल से शुरू की जाती है। एक चौकी पर लक्ष्मी और गणेश की मूर्तियां इस प्रकार रखें कि लक्ष्मी के दायीं दिशा में गणेश रहें और उनका मुख पूर्व दिशा की ओर रहे। उनके सामने बैठकर चावलों पर कलश की स्थापना करें। वरुण के प्रतीक इस कलश पर एक नारियल लाल वस्त्र में लपेट कर इस प्रकार रखें कि उसका केवल अग्रभाग ही दिखाई दे। दो बड़े दीपक लेकर एक में घी और दूसरे में तेल भरकर रखें। एक को मूर्तियों के चरणों में और दूसरे को चौकी की दाईं तरफ रखें। इसके अलावा एक छोटा दीपक गणेशजी के पास भी रखें। फिर शुभ मुहूर्त के समय जल, मौली, अबीर, चंदन, गुलाल, चावल, धूप, बत्ती, गुड़, फूल, धानी, नैवेद्य आदि लेकर सबसे पहले पवित्रीकरण करें। फिर सारे दीपकों को जलाकर उन्हें नमस्कार करें। उन पर चावल छोड़ दें। पहले पुरुष और बाद में स्त्रियां गणेशजी, लक्ष्मीजी व अन्य देवी-देवताओं का विधिवत षोडशोपचार पूजन, श्रीसूक्त, लक्ष्मी सूक्त व पुरुष सूक्त का पाठ करें और आरती उतारें। बही खातों की पूजा कर नए लिखने की शुरुआत करें। तेल के अनेक दीपक जलाकर घर के हरेक कमरों में, तिजोरी के पास, आंगन, गैलरी आदि जगह पर रखें ताकि किसी भी जगह अंधेरा न रहे। खांड की मिठाइयां, पकवान, खीर आदि का भोग लगाकर सबको प्रसाद बांटें। घर के सभी छोटे सदस्य अपने से बड़ों के पैर छूकर आशीर्वाद प्राप्त करें और उल्लास पूर्वक इस पर्व को संपन्न करें।

पौराणिक कथा : इस त्योहार की व्रत कथा का उल्लेख धर्मग्रंथों में इस प्रकार हुआ है–

एक बार सनत्कुमार ने शौनकादि ऋषि-मुनियों से पूछा–'दीपावली के त्योहार पर लक्ष्मीजी के अलावा अन्य देवी-देवताओं का पूजन क्यों किया जाता है?' सनत्कुमार बोले–'एक बार दैत्यराज बलि ने अपने बाहुबल से अनेक देवी-देवताओं सहित लक्ष्मीजी को बंदी बनाकर कारागार में डाल दिया तब कार्तिक की अमावस्या को श्रीहरि विष्णु भगवान् ने वामन का रूप धारण कर बलि को बांध लिया। तब कहीं जाकर उन सभी को कारागार से मुक्ति मिली। फिर श्रीहरि लक्ष्मीजी के साथ शयन हेतु क्षीर सागर में चले गए। इसीलिए अन्य देवी-देवताओं के साथ लक्ष्मी के शयन व पूजन का विधान बनाया गया है। जो भी व्यक्ति उनका स्वागत उत्साहपूर्वक करके स्वच्छ कोमल शय्या प्रदान करता है, पूजन करता है, उनको लक्ष्मी छोड़कर नहीं जाती। जबकि प्रमाद व निद्रा में पड़े लोगों के घर लक्ष्मी नहीं जाती।

अन्नकूट / गोवर्धन पूजन

(भगवान् श्रीकृष्ण को प्रसन्न करने तथा गोवंश की रक्षा के लिए)

माहात्म्य : हमारे कृषि प्रधान देश में गोवर्धन पूजा जैसे प्रेरणाप्रद पर्व की अत्यंत आवश्यकता है। इसके पीछे एक महान् संदेश गो यानी पृथ्वी और गाय दोनों की उन्नति तथा विकास की ओर ध्यान देना और उनके संवर्धन के लिए सदा प्रयत्नशील होना छिपा है। अन्नकूट का महोत्सव भी गोवर्धन पूजा के दिन कार्तिक शुक्ल प्रतिपदा को ही मनाया जाता है। यह ब्रजवासियों का मुख्य त्योहार है। अन्नकूट या गोवर्धन पूजा का पर्व यूं तो अति प्राचीन काल से मनाया जाता रहा है, लेकिन आज जो विधान मौजूद है वह भगवान् श्रीकृष्ण के इस धरा पर अवतरित होने के बाद द्वापर युग से आरंभ हुआ है। उस समय जहां वर्षा के देवता इंद्र की ही उस दिन पूजा की जाती थी, वहीं अब गोवर्धन पूजा भी प्रचलन में आ गई है। धर्मग्रंथों में इस दिन इंद्र, वरुण, अग्नि आदि देवताओं की पूजा करने का उल्लेख मिलता है। उल्लेखनीय है कि ये पूजन पशुधन व अन्न आदि के भंडार के लिए किया जाता है। बालखिल्य ऋषि का कहना है कि अन्नकूट और गोवर्धन उत्सव श्रीविष्णु भगवान् की प्रसन्नता के लिए मनाना चाहिए। इन पर्वों से गौओं का कल्याण होता है, पुत्र पौत्रादि संततियां प्राप्त होती हैं, ऐश्वर्य और सुख प्राप्त होता है। कार्तिक के महीने में जो कुछ भी जप, होम, अर्चन किया जाता है, इन सबकी फलप्राप्ति हेतु गोवर्धन पूजन अवश्य करनी चाहिए।

पूजन विधि-विधान : यह पर्व कार्तिक मास के शुक्ल पक्ष की प्रतिपदा को मनाया जाता है। इस दिन प्रातःकाल शरीर पर तेल की मालिश करके स्नान करना चाहिए। फिर घर के द्वार पर गोबर से गोवर्धन बनाएं। गोबर

का अन्नकूट बनाकर उसके समीप विराजमान श्रीकृष्ण के सम्मुख गाय तथा ग्वाल-बालों, इंद्र, वरुण, अग्नि और बलि का पूजन षोडशोपचार द्वारा करें। विभिन्न प्रकार के पकवानों व मिष्ठानों का भोग लगाकर पहाड़ की आकृति तैयार करें और उनके मध्य श्रीकृष्ण की मूर्ति रख दें। पूजन के पश्चात् कथा सुनें। प्रसाद रूप में दही व चीनी का मिश्रण सब में बांट दें। फिर पुरोहित को भोजन करवाकर उसे दान-दक्षिणा से प्रसन्न करें।

पौराणिक कथा : एक बार एक महर्षि ने किसी संत-सम्मेलन में ऋषियों से कहा कि कार्तिक शुक्ल प्रतिपदा को गोवर्धन व अन्नकूट की पूजा करनी चाहिए। ऋषियों ने महर्षि से पूछा–"अन्नकूट क्या है? गोवर्धन कौन हैं ? इनकी पूजा क्यों तथा कैसे करनी चाहिए? इसका क्या फल होता है? इन सबका विधान विस्तार से कहकर कृतार्थ करें।"

महर्षि बोले–"एक समय की बात है भगवान् श्रीकृष्ण अपने सखाओं, गोप-ग्वालों के साथ गाएं चराते हुए गोवर्धन पर्वत की तराई में जा पहुंचे। वहां पहुंच कर उन्होंने देखा कि हजारों गोपियां गोवर्धन पर्वत के पास छप्पन प्रकार के व्यंजन रखे बड़े उत्साह से नाच-गाकर उत्सव मना रही थीं। श्रीकृष्ण ने इस उत्सव का प्रयोजन पूछा तो गोपियां कहने लगीं कि आज तो घर-घर में उत्सव होगा, क्योंकि वृत्रासुर को मारने वाले मेघ व देवों के स्वामी इंद्र का पूजन होगा। यदि पूजा से वे प्रसन्न हो जाएं तो ब्रज में वर्षा होती है, जिससे अन्न पैदा होता है तथा ब्रजवासियों का भरण-पोषण होता है। कृष्ण बोले–"यदि देवता प्रत्यक्ष आकर भोग लगाएं तब तो तुम्हें यह उत्सव जरूर करना चहिए।" इतना सुन गोपियां कहने लगीं कि देवराज इंद्र की इस प्रकार निंदा नहीं करनी चाहिए। यह तो इंद्रोज नामक यज्ञ है। इसी के प्रभाव से अतिवृष्टि तथा अनावृष्टि नहीं होती। कृष्ण बोले–"इंद्र में क्या शक्ति है? उससे अधिक शक्तिशाली तो हमारा गोवर्धन पर्वत है। इसी के कारण वर्षा होती है। हमें इंद्र से भी बलवान् गोवर्धन की ही पूजा करनी चाहिए।" काफी वाद-विवाद के बाद श्रीकृष्ण की बात ही मानी गई तथा ब्रज में इंद्र की पूजा के स्थान पर गोवर्धन की पूजा शुरू की गई। सभी गोप-ग्वाल अपने-अपने घरों से पकवान ला-लाकर गोवर्धन की तराई में जाकर श्रीकृष्ण की बताई विधि से पूजन करने लगे। उधर कृष्ण ने अपने आधिदैविक रूप से पर्वत में प्रवेश करके ब्रजवासियों द्वारा दिए गए सभी पदार्थों को खा लिया तथा उन सबको आशीर्वाद दिया। सभी गोपाल अपने यज्ञ को सफल जान कर बड़े प्रसन्न हुए।

नारद मुनि इंद्रोज-यज्ञ देखने की इच्छा से ब्रज गांव में आए, तो इंद्रोज-यज्ञ के स्थगित होने तथा गोवर्धन-पूजा का समाचार मिला। इतना सुनते ही नारद इंद्रलोक पहुंचे तथा उदास होकर बोले–"देवराज। गोकुल के निवासी गोपों ने इंद्रोज बंद करके आपसे बलवान् गोवर्धन की पूजा शुरू कर दी है। आज से यज्ञों आदि में उसका भाग तो हो ही गया। यह भी हो सकता है कि किसी दिन कृष्ण की प्रेरणा से वे तुम्हारे राज्य पर आक्रमण करके इंद्रासन पर भी अधिकार कर लें।"

नारद तो अपना काम करके चले गए। इंद्र क्रोध से लाल-पीले हो गए। अधीर होकर उन्होंने मेघों को आज्ञा दी कि वे गोकुल में जा कर प्रलय का-सा दृश्य उत्पन्न कर दें। मेघ ब्रज-भूमि पर जा कर मूसलाधार बरसने लगे। इससे भयभीत होकर सभी गोप-ग्वाले कृष्ण की शरण में गए और रक्षा की प्रार्थना करने लगे।

गोप-गोपियों की करुण पुकार सुनकर कृष्ण बोले—''तुम सब गोवर्धन-पर्वत की शरण में चलो। वह सब की रक्षा करेंगे।'' सब गोप-ग्वाले पशुधन सहित गोवर्धन की तराई में आ गए। श्रीकृष्ण ने गोवर्धन को अपनी कनिष्ठिका उंगली पर उठा कर छाता-सा तान दिया। गोप-ग्वाले सात दिन तक उसी की छाया में रह कर अतिवृष्टि से बच गए। सुदर्शन-चक्र के प्रभाव से ब्रजवासियों पर एक बूंद भी जल नहीं पड़ा। यह चमत्कार देखकर ब्रह्माजी द्वारा श्रीकृष्णावतार की बात जान कर इंद्र देव अपनी मूर्खता पर पश्चात्ताप करते हुए कृष्ण से क्षमा-याचना करने लगे।

श्रीकृष्ण ने सातवें दिन गोवर्धन को नीचे रखा और ब्रजवासियों से कहा कि अब तुम प्रतिवर्ष गोवर्धन-पूजा कर अन्नकूट का पर्व मनाया करो। तभी से यह पर्व के रूप में प्रचलित है।

भैया दूज / यम द्वितीया

(स्त्रियों का व्रत : बहन द्वारा भाई के सुखी जीवन और लंबी आयु के लिए)

माहात्म्य : इस त्योहार पर यमुना ने यम को अपने घर बुलाकर सत्कार करके उसे भोजन कराया था, इसीलिए इस त्योहार को यम द्वितीया के नाम से जाना जाता है। भाई-बहन के प्रेम का प्रतीक होने से इसे 'भैया दूज' के नाम से भी जाना जाता है। शास्त्रों में ऐसा लिखा है कि इस दिन यमुना अपने भाई यम से मिलने गई थी और उसने उन्हें स्वादिष्ट भोजन कराया। यमराज ने प्रसन्न होकर उसे यह वर दिया था कि जो व्यक्ति इस दिन यमुना में स्नान करके यम का पूजन करेगा, मृत्यु के पश्चात् उसे यमलोक में नहीं जाना पड़ेगा। उल्लेखनीय है कि सूर्य की पुत्री यमुना समस्त कष्टों का निवारण करने वाली देवीस्वरूपा है। उसका सगा भाई मृत्यु का देवता यमराज है।

यम द्वितीया के दिन मथुरा में विश्राम घाट पर स्नान करने और यमुना के किनारे स्नान करके वहीं यमुना और यमराज की पूजा करने का बड़ा माहात्म्य माना जाता है। इस दिन बहन भाई की पूजा कर उसकी दीर्घायु तथा अपने सुहाग की रक्षा के लिए हाथ जोड़कर यमराज से प्रार्थना करती है। स्कंद पुराण में लिखा हुआ है कि इस दिन यमराज को तृप्त और प्रसन्न करने से पूजन करने वालों को मनोवांछित फल मिलता है। धन-धान्य, यश एवं दीर्घायु की प्राप्ति होती है।

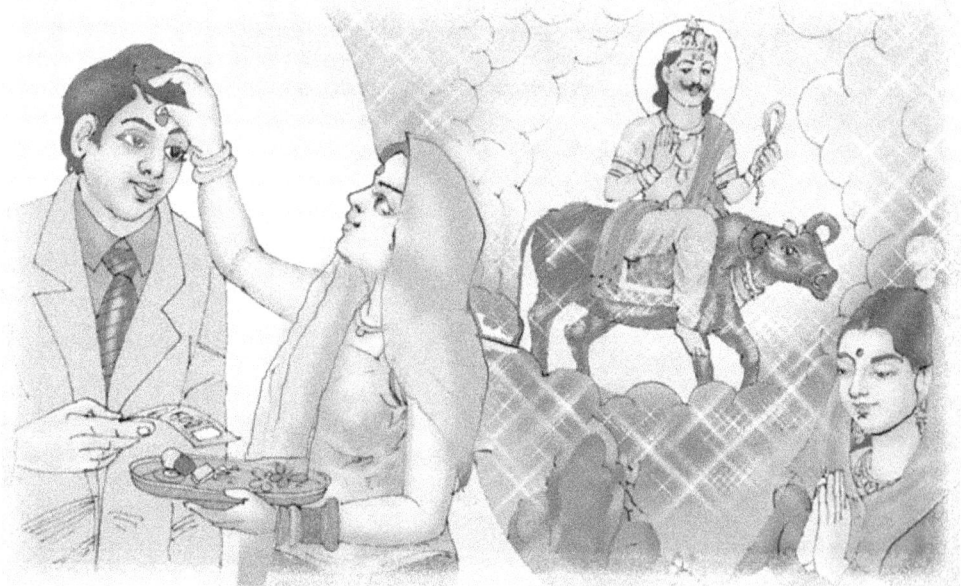

पूजन विधि-विधान : यह पर्व कार्तिक मास के शुक्ल पक्ष की द्वितीया को मनाया जाता है। इस दिन यमुना में स्नान करके यमुना तथा यमराज के पूजन का विशेष विधान है। इसके अलावा भाई बहन के घर

आकर उसके हाथ का बना भोजन करता है और बहन भाई की पूजा करती है। विवाहिता बहनें अपने भाइयों को अपने घर ससुराल में आमंत्रित करती हैं, जबकि अविवाहिता बहनें अपने पिता के घर पर ही भाइयों को भोजन कराती हैं। जिनकी बहन नहीं होती, वे जिसे मुंहबोली बहन बनाते हैं, उसको इसी विधि से सत्कार करना चाहिए। इसके पश्चात् बहन-भाई दोनों मिलकर यम, चित्रगुप्त और यम के दूतों का पूजन करें तथा सबको अर्घ्य दें। बहन भाई की आयु-वृद्धि के लिए यम की प्रतिमा का पूजन करें। प्रार्थना करें कि मार्कण्डेय, हनुमान, बलि, परशुराम, व्यास, विभीषण, कृपाचार्य तथा द्रोणाचार्य इन आठ चिरंजीवियों की तरह मेरे भाई को भी चिरंजीवी कर दें।

इस दिन गोधन कूटने की भी प्रथा है। गोबर से बनी मनुष्याकृति बनाकर उसकी छाती पर ईंट रखी जाती है और उस पर स्त्रियां मूसल से प्रहार करती हुई उसे तोड़ती हैं, कथा सुनती हैं। इसके पश्चात् भाई को भोजन कराती हैं। मिष्ठान खाने के बाद भाई यथाशक्ति बहन को भेंट देता है। जिसमें स्वर्ण, आभूषण, वस्त्र आदि प्रमुखता से दिए जाते हैं। लोगों में ऐसा विश्वास भी प्रचलित है कि इस दिन बहन अपने हाथ से भाई को भोजन कराए तो उसकी उम्र बढ़ती है और उसके जीवन के कष्ट दूर होते हैं।

पौराणिक कथा : यह कथा कूर्म पुराण से ली गई है–

सूर्य की पत्नी संज्ञा की दो संतानें थीं। उनमें पुत्र का नाम यमराज और पुत्री का नाम यमुना था। संज्ञा अपने पति सूर्य की उद्दीप्त किरणों को सहन नहीं कर सकने के कारण उत्तरी ध्रुव में छाया बनकर रहने लगी। इसी से ताप्ती नदी तथा शनिश्चर का जन्म हुआ। इसी छाया से सदा युवा रहने वाले अश्विनी कुमारों का भी जन्म हुआ है, जो देवताओं के वैद्य माने जाते हैं।

उत्तरी ध्रुव में बसने के बाद संज्ञा (छाया) का यम तथा यमुना के साथ व्यवहार में अंतर आ गया। इससे व्यथित होकर यम ने अपनी नगरी 'यमपुरी' बसाई। यमुना अपने भाई यम को यमपुरी में पापियों को दंड देते देख दुखी होती, इसलिए वह गोलोक में चली गई। समय व्यतीत होता रहा। तब काफी सालों के बाद अचानक एक दिन यम को अपनी बहन यमुना की याद आई। यम ने अपने दूतों को यमुना का पता लगाने के लिए भेजा, लेकिन वह कहीं नहीं मिली। फिर यम स्वयं गोलोक गए, जहां यमुनाजी की उनसे भेंट हुई। इतने दिनों बाद यमुना अपने भाई से मिलकर बहुत प्रसन्न हुई। यमुना ने भाई का स्वागत किया और स्वादिष्ट भोजन करवाया। इससे भाई यम ने प्रसन्न होकर बहन से वरदान मांगने के लिए कहा। तब यमुना ने वर मांगा कि–"हे भैया, मैं चाहती हूं कि जो भी मेरे जल में स्नान करे, वह यमपुरी नहीं जाए।" यह सुनकर यम चिंतित हो उठे और मन-ही-मन विचार करने लगे कि ऐसे वरदान से तो यमपुरी का अस्तित्व ही समाप्त हो जाएगा। भाई को चिंतित देख, बहन बोली–"भैया आप चिंता न करें, मुझे यह वरदान दें कि जो लोग आज के दिन बहन के यहां भोजन करें तथा मथुरा नगरी स्थित विश्रामघाट पर स्नान करें, वे यमपुरी नहीं जाएं।" यमराज ने इसे स्वीकार कर वरदान दे दिया। बहन-भाई मिलन के इस पर्व को अब भाई-दूज के रूप में मनाया जाता है।

सूर्य उपासना का महापर्व : छठ पर्व

(संतान प्राप्ति के लिए)

माहात्म्य : यह पर्व संपूर्ण बिहार प्रदेश और उत्तर प्रदेश के पूर्वी क्षेत्रों में बड़ी श्रद्धा और उल्लास के साथ मनाया जाता है। यह भगवान् सूर्य देव की पूजा-आराधना का पर्व है। सूर्य अर्थात रोशनी, जीवन एवं ऊष्मा के प्रतीक। छठ के रूप में उन्हीं की पूजा-आराधना की जाती है।

यह पर्व सुख-शांति, समृद्धि का वरदान तथा मनोवांछित फल देने वाला बताया गया है। बहुत ही साफ-सफाई और निष्ठा के साथ इसे पूरा किया जाता है। मान्यता ऐसी भी है कि मन में कोई खोट अथवा विकार होने पर इसका प्रतिकूल प्रभाव भी पड़ सकता है।

इस पर्व को मनाने की परंपरा सदियों से चली आ रही है। बिहार का तो यह सबसे बड़ा पर्व माना जाता है। ऐसी मान्यता है कि जबसे सृष्टि बनी, तभी से सूर्य वरदान के रूप में हमारे सामने हैं और तभी से उनका पूजन होता रहा है। छठ व्रत के संबंध में बिहार में कई लोक-कथाएं प्रचलित हैं। उनमें से एक कथा यह भी है कि जब पांडव अपना सारा राजपाट जुए में हारकर जंगल-जंगल भटक रहे थे, तब इस दुर्दशा से छुटकारा पाने के लिए द्रौपदी ने सूर्यदेव की आराधना के लिए छठ व्रत किया। इस व्रत को करने के बाद पांडवों को अपना खोया हुआ वैभव प्राप्त हो गया था। एक दूसरी मान्यता के अनुसार भगवान् राम के वनवास से लौटने पर राम और सीता ने कार्तिक शुक्ल षष्ठी के दिन उपवास रखकर प्रत्यक्ष देव भगवान् सूर्य की आराधना की और सप्तमी के दिन व्रत पूर्ण किया। पवित्र सरयू के तट पर राम-सीता के इस अनुष्ठान से प्रसन्न होकर भगवान् सूर्य देव ने उन्हें आशीर्वाद दिया था। तभी से छठ पर्व इस अंचल में लोकप्रिय हो गया।

एक पौराणिक मान्यता के अनुसार कार्तिक शुक्ल षष्ठी के सूर्यास्त और सप्तमी के सूर्योदय के मध्य वेदमाता गायत्री का जन्म हुआ था। ब्रह्मर्षि वसिष्ठ से प्रेषित होकर राजर्षि विश्वामित्र के मुख से गायत्री मंत्र नामक यजुष का प्रसव हुआ था।

छठ व्रत दीपावली के छह दिन बाद आरंभ होता है। इसकी शुरुआत 'खरना' से आरंभ होती है। 'खरना' यानी व्रत की शुरुआत का पहला दिन। उस दिन व्रती स्नान-ध्यान कर शाम को गुड़ की खीर-रोटी का प्रसाद खाकर उस दिन का खरना पूरा करता है। ऐसी मान्यता है कि गुड़ की खीर खाने से जीवन और काया में सुख-समृद्धि के अंश जुड़ जाते हैं। अतः इस प्रसाद को लोग मांगकर भी प्राप्त करते हैं, अथवा व्रती अपने आसपास के घरों में स्वयं बांटने के लिए जाते हैं। ताकि जीवन के सुख की मिठास सिर्फ अपने घर में ही नहीं, समाज में भी घुल मिल जाए।

खरना के बाद दूसरे दिन से 24 घंटे का उपवास आरंभ होता है। दिन भी व्रत रखने के बाद शाम को नदी अथवा सरोवरों के किनारे सूर्यास्त के साथ व्रती जल में खड़ा होकर स्थान के बाद सूर्य को अर्घ्य देते हैं। ऐसी मान्यता है कि व्रती के कपड़े धोने से बहुत पुण्य प्राप्त होता है। ऐसे में लोग न सिर्फ व्रती

के कपड़े धोकर पुण्य कमाते हैं बल्कि सिर पर घर से नदी किनारे तक प्रसाद से भरी टोकरी या थाल को उठाकर ले जाने पर भी पुण्य के भागी बन जाते हैं। पूजा-अर्चना के समय घी के दीपक जलाए जाते हैं। नदी के जल में दीपों की पंक्तियां सज जाती हैं।

शाम का अर्घ्य देने के पश्चात् व्रती सूर्यास्त के बाद ही घर लौटते हैं। कई व्रती विशेष अनुष्ठान 'कोसी भरना' करते हैं। इस विशेष अनुष्ठान में प्रसाद के बीच गन्नों के घेरे में दीप जलाकर और छठ पर्व के लोकगीत गाकर सूर्य भगवान् की पूजा की जाती है। यह देर रात तक चलता रहता है।

पौराणिक कथा : यह कथा श्रीमद्देवी भागवत पुराण में इस प्रकार है–

स्वायम्भुव मनु के पुत्र राजा प्रियव्रत को अधिक समय बीत जाने के बाद भी कोई संतान उत्पन्न नहीं हुई। तदुपरांत महर्षि कश्यप ने पुत्रेष्टि यज्ञ कराकर उनकी पत्नी को चारु (प्रसाद) दिया, जिससे गर्भ तो ठहर गया, किन्तु मृत पुत्र उत्पन्न हुआ। मृत पुत्र को देखकर रानी मूर्च्छित हो गईं। उसे लेकर प्रियवत श्मशान गए पुत्र वियोग में प्रियवत ने भी प्राण त्यागने का प्रयास किया।

ठीक उसी समय मणि के समान विमान पर षष्ठी देवी वहां आ पहुंची। मृत बाल को भूमि पर रखकर राजा ने उस देवी को प्रणाम किया और पूछा–"हे सुव्रते! आप कौन हैं?"

देवी ने आगे कहा–"तुम मेरा पूजन करो और अन्य लोगों से भी कराओ।" इस प्रकार कहकर देवी षष्ठी ने उस बालक को उठा लिया और खेल-खेल में पुनः जीवित कर दिया। राजा ने उसी दिन घर जाकर बड़े उत्साह से नियमानुसार षष्ठी देवी की पूजा संपन्न की। चूंकि यह पूजा कार्तिक मास के शुक्ल पक्ष की षष्ठी तिथि को की गई थी, अतः इस तिथि को षष्ठी देवी/छठ देवी का व्रत होने लगा।

तुलसी विवाह उत्सव

(स्त्रियों का व्रत : लोक-परलोक सुधार एवं यश, वैभव प्राप्ति के लिए)

माहात्म्य : श्रीपद्म पुराण में तुलसी को पूर्व जन्म में जालंधर नामक दैत्य की पत्नी वृंदा बतलाया गया है। जालंधर को लोकहित में मारने के लिए भगवान् विष्णु को शालग्राम बनना पड़ा। इसीलिए इसको समस्त ब्रह्मांडभूत नारायण (विष्णु) का प्रतीक माना गया है। भगवान् शिव ने स्कंद पुराण के कार्तिक माहात्म्य में शालग्राम का महत्त्व वर्णित किया है। भगवान् विष्णु के वरदान से वृंदा को तुलसी का पौधा बनना पड़ा, जिसे सर्वत्र पूजा जाता है। ऐसा कहा जाता है कि वृंदा की भक्ति और विष्णु के प्रति उसका समर्पण ही तुलसी की पत्तियों में सुगंध बनकर आया है। प्रतिवर्ष कार्तिक मास के शुक्ल पक्ष की एकादशी को महिलाएं तुलसी और शालग्राम का विवाह कराती हैं। भारतीय नारी तुलसी को सौभाग्यदायिनी मानकर उसकी पूजा और व्रत करती हैं।

तुलसी विवाह का उत्सव यूं तो सारे भारत में प्रचलित है, लेकिन विशेष रूप से इसे उत्तर भारत में मनाया जाता है। चूंकि भगवान् विष्णु का विवाह तुलसी के साथ हुआ था, इसलिए तुलसी का एक नाम विष्णुप्रिया भी है। तुलसी भगवान् विष्णु को इतनी प्रिय है कि उसके बिना वे कोई भोग स्वीकार नहीं करते। जो प्रतिवर्ष तुलसी का विवाह कराता है, उसको इस लोक और परलोक में विपुल यश प्राप्त होता है। श्रीपद्म पुराण में तुलसी के विवाह और महत्त्व का विस्तृत उल्लेख मिलता है। हिंदू परिवारों में तुलसी विवाह के बाद ही विवाहोत्सव शुरू होते हैं।

कार्तिक मास में तुलसी के दर्शन, स्पर्श, ध्यान, अर्चना, आरोपण एवं सिंचन से अनेक युगों के पाप नष्ट हो जाते हैं। इसे भगवान् कृष्ण के चरणों में चढ़ाने से मुक्ति मिलती है। तुलसी समस्त सौभाग्यों को देने वाली और आधि-व्याधि को मिटाने वाली है। तुलसी के बिना जितने भी कर्मकांड किए जाते हैं, वे सब निष्फल होते हैं, क्योंकि इसके बिना देवता प्रसन्न नहीं होते। हर शाम तुलसी के पौधे की पूजा, आरती और उसके नीचे दीपक जलाने से सती वृंदा की कृपा मिलती है और भगवान् विष्णु स्वयं उसकी रक्षा करते हैं। सोमवती अमावस्या को तुलसी की 108 परिक्रमाएं करने से दरिद्रता मिटती है। मरते हुए व्यक्ति के मुख में तुलसीदल एवं गंगाजल डालने से वह त्रिदोष नाशक महौषधि बन जाती है तथा आत्मा पवित्र होकर मुक्त होती है।

पूजन विधि-विधान : यह पर्व कार्तिक मास के शुक्ल पक्ष की एकादशी को मनाया जाता है। कुछ लोग तुलसी विवाह के लिए कार्तिक शुक्ल नवमी की तिथि को उपयुक्त मानते हैं, तो कुछ एकादशी से पूर्णिमा तक तुलसीपूजन करके पांचवें दिन उसकी विवाहरस्म निबाहते हैं। कहीं-कहीं नवमी, दशमी व एकादशी को व्रत एवं पूजन कर अगले दिन तुलसी का पौधा किसी ब्राह्मण को दान देने की प्रथा भी है। इस दिन उपवास रखने का विधान है, जिसमें अन्न का सेवन न कर केवल फलाहार लिया जाता है।

आमतौर पर कार्तिक स्नान करने वाली स्त्रियां तुलसी तथा शालग्राम का विवाह करती हैं। नए कपड़े, जनेऊ आदि का दान करती हैं। भगवान् विष्णु की प्रतिमा में प्राण प्रतिष्ठा करके उसे वस्त्र और आभूषण से सजाकर, ससम्मान गाजे-बाजे के समारोह के साथ तुलसी चौरा पर ले जाया जाता है। फिर उस जगह विधि पूर्वक पूजन के बाद दोनों का विवाह रचाया जाता है। इस अवसर पर स्त्रियां विवाह के गीत गाती हैं। तत्पश्चात् व्रत की समाप्ति की जाती है। कुछ स्त्रियां तुलसी की 108 परिक्रमाएं करके उसे भोग, पकवान चढ़ाकर भोजन करती हैं।

पौराणिक कथा : इस पर्व की कथा का उल्लेख श्रीपद्म पुराण में इस प्रकार हुआ है—

प्राचीन समय में जालंधर नामक एक दैत्य ने अपने उत्पातों के कारण सभी को भयभीत कर रखा था। उसकी पत्नी वृंदा रूपवती होने के साथ एक पतिव्रता स्त्री थी। उसी के प्रताप से वह सर्वविजयी बना हुआ था। उस दैत्य से भयभीत होकर ऋषि, मुनि और देवतागण भगवान् विष्णु के पास अपनी विपदा सुनाने पहुंचे तो उन्होंने वृंदा का पतिधर्म भंग करके उसका बल क्षीण करने का निश्चय किया।

भगवान् विष्णु ने अपनी योगमाया से एक मृत शरीर वृंदा के आंगन में फेंकवा दिया। उसे अपने पति का शरीर समझकर वृंदा ने उसका आलिंगन कर लिया। इससे उसका पतिधर्म नष्ट हो गया। जबकि उसका पति तो देवलोक में इंद्र से युद्ध कर रहा था।

इधर वृंदा का सतीत्व नष्ट हुआ तो उसका पति युद्ध में हारकर मृत्यु को प्राप्त हुआ। जब वृंदा को वस्तुस्थिति ज्ञात हुई कि यह सब भगवान् का छल-कपट था, तो उसने क्रोधित होकर भगवान् विष्णु को शाप दे दिया कि जिस प्रकार तुमने मुझे छल से पति-वियोगी बनाया है, ठीक उसी तरह तुम भी अपनी पत्नी का छलपूर्वक हरण होने पर उसके वियोग को सहने के लिए मृत्युलोक में जन्म लोगे। इतना कहकर वृन्दा अपने पति के शव के साथ उसके वियोग में तड़पती हुई सती हो गई। कालांतर में रामावतार के समय भगवान् राम को सीता का ऐसा ही वियोग सहन करना पड़ा।

पार्वती ने वृंदा की भस्म में तुलसी, आंवला और मालती के वृक्ष लगाए। इनमें से तुलसी को भगवान् विष्णु ने वृंदा का रूप समझ कर अपनाया। कुछ लोग यह भी मानते हैं कि भगवान् विष्णु ने छल से वृंदा का सतीत्व भंग कराया था तो उसने उन्हें पत्थर बनने का शाप दिया था। इस पर भगवान् विष्णु ने कहा था—"तुम मुझे लक्ष्मी से भी ज्यादा प्रिय हो गई हो। यह सब तुम्हारे सतीत्व का ही फल है कि तुलसी बनकर तुम सदा मेरे साथ रहोगी। जो भी तुम्हारे साथ मेरा विवाह करेगा, वह परम धाम को प्राप्त होगा।" यही कारण है कि शालग्राम की पूजा बिना तुलसी दल चढ़ाए अधूरी मानी जाती है। इस प्रकार स्त्रियां प्रतिवर्ष तुलसी का विवाह भगवान् विष्णु की प्रसन्नता पाने के लिए ही करती हैं।

कार्तिक पूर्णिमा पर गंगा स्नान

(मनोवांछित फल प्राप्ति के लिए)

माहात्म्य : श्रद्धालुओं के लिए कार्तिक पूर्णिमा बहुत महत्त्वपूर्ण दिवस है। इस दिन गंगा स्नान तथा सायंकाल दीप दान का विशेष महत्त्व हैं, इसी दिन भगवान् विष्णु ने मत्स्यावतार ग्रहण किया था। ऐसा माना जाता है कि इसी दिन सोनपुर में गंगा गंडकी के संगम पर गज और ग्राह का युद्ध हुआ था। गज की करुणामयी पुकार सुनकर विष्णु ने ग्राह का संहार कर गज की रक्षा की थी। कहते हैं इसी दिन भगवान् शंकर ने त्रिपुर नामक राक्षस को भस्म किया था। इसी दिन शिव के प्रकाश स्तंभ के प्रसाद से दुर्गारूपिणी पार्वती महिषासुर का वध करने हेतु शक्ति अर्जित कर सकी थीं। इन्हीं कारणों से हिंदुओं के लिए सभी पूर्णिमाओं में कार्तिक पूर्णिमा विशेष रूप से पवित्र मानी जाती है। इसी दिन लोग गंगा स्नान करके अपने पापों से मुक्ति प्राप्त करते हैं। आकाशदीप जलाकर ज्ञान और विद्या के प्रकाश का बोध कराते हैं। इस पूर्णिमा के गंगा स्नान करने से मनुष्य के सभी पाप धुल जाते हैं।

पूजन विधि-विधान : कार्तिक पूर्णिमा को प्रातः काल गंगा स्नान करके विधि-विधान पूर्वक श्री सत्यनारायण भगवान् की कथा सुनी जाती है। सायंकाल देव-मंदिरों, चौराहों, गलियों, पीपल के वृक्षों तथा तुलसी के पौधों के पास दीपक जलाये जाते हैं और गंगाजी के जल में दीपदान किये जाते हैं। इस तिथि में ब्राह्मणों को दान देने, भोजन कराने, गरीबों को भिक्षा देने तथा बड़ों से आशीर्वाद प्राप्त करने का विधान है।

पौराणिक कथा : पुराणों में कहा गया है कि इसी तिथि पर शिवजी ने त्रिपुरा नामक राक्षस को मारा था। एक बार त्रिपुर राक्षस ने प्रयागराज में एक लाख वर्ष तक घोर तप किया। इस तप के प्रभाव से सब चराचर और देवता भयभीत हो उठे। अंत में सभी देवताओं ने मिलकर एक योजना बनाई कि अप्सराओं को भेजकर उसका तप भंग करवा दिया जाए। पर उन्हें सफलता न मिल सकी। यह देख आखिर में ब्रह्माजी स्वयं उसके पास गए, और उससे वर मांगने के लिए कहा। उसने मनुष्य तथा देवता द्वारा न मारे जाने का वरदान मांग लिया। ब्रह्माजी के इस वरदान से त्रिपुर तीनों लोकों में निर्भय होकर अघोर अत्याचार करने लगा। देवताओं के षड्यंत्र से एक बार उसने कैलाश पर्वत पर चढ़ाई कर दी। शिव और त्रिपुर में भयंकर युद्ध हुआ। अंत में भगवान् शिव ने ब्रह्मा और विष्णु की सहायता से उसका वध किया। तब से इस दिन का महत्त्व बढ़ गया, इसी दिन त्रिपुरोत्सव भी होता है, इस दिन अक्षीर दान का विशेष महत्त्व है। क्षीर का दान 24 उंगली के बर्तन में दूध भरकर उसमें सोने या चांदी की बनी मछली छोड़कर किया जाता है। काशी में यह तिथि 'देव दीपावली महोत्सव' के रूप में मनायी जाती है।

मकर संक्रांति

(सूर्यदेव का व्रत: कष्टों से मुक्ति एवं जन्म-मरण के चक्र से बचने के लिए)

माहात्म्य : भारतीय ज्योतिष में बारह राशियां मानी गई हैं। उनमें से एक मकर राशि में सूर्य के प्रवेश करने को मकर संक्रांति के नाम से जाना जाता है। मतलब यह है कि सूर्य के उत्तरायण होने को मकर संक्रांति कहते हैं। इसे हिंदुओं का बड़ा दिन माना जाता है। यह पर्व शीत ऋतु के जाने तथा मनोहारी वसंत ऋतु के आगमन का प्रतीक है। इसे भगवान् सूर्य की उपासना और स्नान-दान का पर्व भी मानते हैं। इसे पूरे देश में बड़ी श्रद्धा, उमंग और उल्लास के साथ मनाया जाता है। पौराणिक कथा के मतानुसार यशोदा ने इस दिन श्रीकृष्ण के जन्म के लिए यह व्रत रखा था। उसी दिन से मकर संक्रांति के व्रत की परिपाटी चली आ रही है।

पुराणों में वर्णित है कि सूर्य के मकर राशि में होने से मृत्यु को प्राप्त व्यक्ति की आत्मा मोक्ष को प्राप्त करती है अर्थात आत्मा को जन्म-मरण के बंधनों से मुक्ति मिल जाती है। महाभारत काल में अर्जुन के बाणों से घायल भीष्म पितामह ने गंगा के तट पर सूर्य के मकर राशि में प्रवेश का छब्बीस दिनों तक इंतजार किया था। इच्छा मृत्यु का वरदान मिलने के कारण वह मोक्ष की प्राप्ति के लिए सूर्य के उत्तरायण होने तक जीवित रहे।

श्रीपद्म पुराण में कहा गया है कि मकर संक्रांति के दिन किया गया दान अक्षय पुण्य देने वाला और पापनाशक होता है। इसलिए तिल, गुड़ के व्यंजन, ऊनी वस्त्र, कंबल, काले तिल आदि दान करने की परंपरा है। ब्रह्मांड पुराण के अनुसार यशोदा ने पान (तांबूल) दान करके तेजस्वी पुत्र श्रीकृष्ण को प्राप्त किया। शास्त्रों में ऐसा भी वर्णन मिलता है कि इस दिन किया गया दान पुनर्जन्म होने पर सौ गुना होकर प्राप्त होता है। मकर संक्रांति ही एक ऐसा पर्व है, जिसमें तिल का प्रयोग शुभ माना जाता है।

मकर संक्रांति के दिन हर बारहवें वर्ष प्रयाग, उज्जैन, हरिद्वार और नासिक में कुंभ का मेला लगता है, जहां समुद्र मंथन से प्राप्त अमृत की कुछ बूंदें गिरी थीं। इस पर्व पर दक्षिण भारत में बालकों को विद्याध्ययन प्रारंभ कराया जाता है। प्राचीन रोम में इस दिन खजूर, अंजीर तथा शहद बांटने की प्रथा का उल्लेख मिलता है। ग्रीक लोग इस दिन वर-वधू की संतान वृद्धि के लिए तिल से निर्मित पकवान बांटते थे।

मकर संक्रांति का पर्व पंजाब में लोहड़ी, दक्षिण में पोंगल, मध्य प्रदेश व पश्चिमी उत्तरप्रदेश में संकरात, पूर्वी उत्तर प्रदेश और बिहार में खिचड़ी के नाम से भी हर्षोल्लास के साथ मनाया जाता है। गंगा सागर में इस दिन बड़ा भारी मेला लगता है। शास्त्रानुसार इस पर्व के दिन यज्ञ में दिए गए द्रव्यों को ग्रहण करने के लिए देवतागण धरती पर अवतरित होते हैं। कहीं-कहीं इस दिन काले कपड़े पहनने का भी रिवाज है। इसी दिन अनेक प्रदेशों में महिलाएं हलदी, कुंकुम की रस्म भी करती हैं। शास्त्रों में इस पर्व पर गंगा के जल में स्नान करने का बड़ा महत्त्व बताया गया है।

पूजन विधि-विधान : मकर संक्रांति का पर्व माघ मास के कृष्ण पक्ष की प्रतिपदा को जब सूर्य मकर राशि में प्रविष्ट होता है, उस दिन मनाया जाता है। सामान्यतया यह दिन प्रत्येक वर्ष 14 जनवरी को पड़ता है। इसका व्रत रखने के लिए एक दिन पूर्व एक समय भोजन करें। प्रतिपदा के दिन प्रातःकाल नित्यकर्म से निपटकर तिल का उबटन लगाकर स्नान करने का विधान है। फिर तांबे के पात्र से सूर्य को मंत्रोच्चारण कर जल चढ़ाएं। इस पर्व की पूजन पद्धति में शीत के प्रकोप से छुटकारा पाने के लिए तिल को महत्त्व दिया गया है। तिल मिश्रित जल से स्नान, तिल का उबटन लगाना, तिल के पकवान भोजन के रूप में खाना, काले तिल का दान करना जैसे सारे कृत्य इसीलिए किए जाते हैं। इस दिन लोग नदियों में स्नान करते हैं और मंदिर जाते हैं। गंगा के जल में स्नान करने को मिल जाए तो भारी पुण्य मिलता है। इस पर्व पर तिल का दान, शुद्ध घी, कंबल, ऊनी वस्त्र बांटने का विधान है, जिसे पुण्य कार्य माना जाता है। उत्तर प्रदेश में कहीं-कहीं इस दिन खिचड़ी खाने का भी विधान है। तथा तिल का बना हुआ तिलवा खाने का विधान है। गरीबों और ब्राह्मणों को खिचड़ी और तिलवा दान में दी जाती है।

प्रचलित लोक कथाएं : भिन्न-भिन्न प्रांतों में अनेक रीति-रिवाजों के अनुसार लोक कथाएं मिलती हैं– उत्तर प्रदेश और बिहार के क्षेत्र में मकर संक्रांति पर खिचड़ी बनाकर खाई जाती है। कहा जाता है कि एक बार गुरु गोरखनाथ अपने शिष्यों को लेकर किसी तीर्थ स्थान पर ठहरे। शिष्यों की संख्या अधिक थी तथा खाने पीने की सामग्री कम। गुरु गोरखनाथ ने थोड़े से चावल, तिल, दाल, हलदी, नमक एक पात्र में डालकर शिष्यों को बनाने के लिए कहा तथा एक साथ एक पात्र में मिली हुई सभी सामग्री को खिचड़ी कहा। उस खिचड़ी को अनेक शिष्यों ने खाया। अद्भुत स्वाद तथा खिचड़ी की अधिकता को देखकर सभी को बड़ा आश्चर्य हुआ। उसे गुरु का प्रसाद समझकर सबने खूब खाया। तभी से प्रत्येक मकर संक्रांति के अवसर पर खिचड़ी खाने का प्रचलन चल पड़ा।

जम्मू कश्मीर तथा पंजाब में इस पर्व को लोहड़ी के नाम से जाना जाता है। कहा जाता है कि इसी दिन कंस ने श्रीकृष्ण को मारने के लिए लोहिता नाम की एक राक्षसी को गोकुल भेजा था, जिसे श्रीकृष्ण ने खेल-खेल में ही मार डाला था। तभी से इसको लोहड़ी के पर्व के रूप में मनाया जाने लगा। सिन्धी लोग इसे लाल लोही के नाम से जानते हैं। तमिलनाडु में इस तिथि को पोंगल कहते हैं। यहां के लोग वस्तुतः कृषि देवता की कृतज्ञता प्रकट करने के लिए नई फसल के चावल, दाल, तिल के भोज्य पदार्थ से विधिपूर्वक पूजन करते हैं।

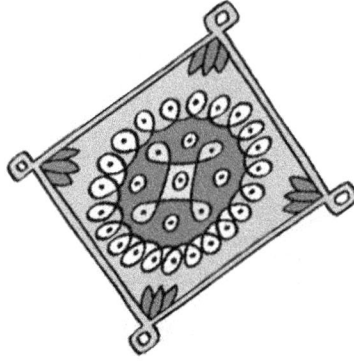

वसंत पंचमी

(ऋतुराज का स्वागत: सब प्रकार के पाप दोषों को दूर करने के लिए)

माहात्म्य : यह दिवस ऋतुराज वसंत के आगमन का प्रथम दिन माना जाता है। हमारे धार्मिक ग्रंथों में वसंत को ऋतुराज अर्थात सब ऋतुओं का राजा माना गया है। वसंत पंचमी वसंत ऋतु का एक प्रमुख त्योहार है। इस प्रकार वसंत पंचमी का त्योहार मानवमात्र के हृदय के आनंद और खुशी का प्रतीक कहा जाता है। वसंत ऋतु में जहां प्रकृति का सौंदर्य निखर उठता है, वहीं उसकी अनुपम छटा देखते ही बनती है। यह पर्व उत्तरी भारत तथा पश्चिम बंगाल में बड़ी धूमधाम से मनाया जाता है।

होली का आरंभ भी वसंत पंचमी से ही होता है, क्योंकि इस दिन प्रथम बार गुलाल उड़ाई जाती है। उत्तर प्रदेश में इसी दिन से फाग उड़ाना आरंभ करते हैं, जिसका अंत फागुन की पूर्णिमा को होता है। भगवान् श्रीकृष्ण इस त्योहार के अधिदेवता हैं, इसलिए ब्रज प्रदेश में राधा तथा कृष्ण का आनंद-विनोद बड़ी धूमधाम से मनाया जाता है। इसी दिन किसान अपने नए अन्न में घी, गुड़ मिलाकर अग्नि तथा पितरों को तर्पण करते हैं। ब्रह्मवैवर्त पुराण के कथनानुसार भगवान् श्रीकृष्ण ने इस दिन देवी सरस्वती पर प्रसन्न होकर उन्हें वरदान दिया था। इसीलिए विद्यार्थी तथा शिक्षा प्रेमियों के लिए यह माँ सरस्वती के पूजन का महान् पर्व है। चरक संहिता में लिखा है कि इस ऋतु में स्त्री-रमण तथा वन विहार करना चाहिए। कामदेव वसंत के अनन्य सहचर हैं। अतएव कामदेव व रति की भी इस तिथि को पूजा करने का विधान है।

पूजन विधि-विधान : यह त्योहार माघ मास के शुक्ल पक्ष की पंचमी को मनाया जाता है। इस दिन नित्य के नैमित्तिक कार्य करके शरीर पर तेल से मालिश करें। फिर स्नान के बाद आभूषण धारण कर पीले वस्त्र

पहनें। ब्राह्मणों को पीले चावल, पीले वस्त्र दान करने पर विशेष फल की प्राप्ति होती है। इस दिन विष्णु भगवान् के पूजन का माहात्म्य बताया गया है और ज्ञान की देवी सरस्वती के पूजन का विशेष विधान है। कलश स्थापित करके गंध, पुष्प, धूप, नैवेद्य आदि से षोडशोपचार विधि से पूजन करें। इस दिन भगवान् गणेश, सूर्य, विष्णु और शिव को गुलाल लगाना चाहिए। गेहूं और जौ की बालियां भी भगवान् को अर्पित करने का विधान है। सरस्वती पूजन के पश्चात् शिशुओं को तिलक लगा कर अक्षर ज्ञान प्रारंभ कराने की भी प्रथा है। इस दिन ब्राह्मणों को भोजन कराकर यथाशक्ति दान-दक्षिणा दें।

पौराणिक कथा : इस व्रत की कथा का उल्लेख ब्रह्मवैवर्त पुराण में इस प्रकार आया है–

जब प्रजापति ब्रह्मा ने भगवान् विष्णु की आज्ञा से सृष्टि की रचना की तो वे उसे देखने के लिए निकले। उन्होंने सर्वत्र उदासी देखी। सारा वातावरण उन्हें ऐसा दिखा जैसे किसी के पास वाणी ही न हो। सुनसान सन्नाटा, उदासी भरा वातावरण देखकर उन्होंने इसे दूर करने के लिए अपने कमंडलु से चारों तरफ जल छिड़का। उन जलकणों के वृक्षों पर पड़ने से वृक्षों से एक देवी प्रकट हुई, जिसके चार हाथ थे। उनमें से दो हाथों में वह वीणा पकड़े हुए थी तथा उसके शेष दो हाथों में से एक में पुस्तक और दूसरे में माला थी। संसार की मूकता और उदासी भरे वातावरण को दूर करने के लिए ब्रह्माजी ने इस देवी से वीणा बजाने को कहा। वीणा के मधुर स्वर नाद से जीवों को वाणी (वाक् शक्ति) मिल गई। सप्तविध स्वरों का ज्ञान प्रदान करने के कारण ही इनका नाम सरस्वती पड़ा। वीणावादिनी सरस्वती संगीतमय आह्लादित जीवन जीने की प्रेरणा है। वह विद्या, संगीत और बुद्धि की देवी मानी गई है, जिनकी पूजा-आराधना में मानव कल्याण का समग्र जीवन-दर्शन निहित है। इसीलिए वसंत पंचमी को इनका विधि-विधान से पूजन करने का नियम बनाया गया है।

महाशिवरात्रि व्रत

(शिव के प्रति समर्पण भाव, करने के लिए, मन की शुद्धि और पापों के विनाश हेतु)

माहात्म्य : यह भगवान् शिव का अत्यंत महत्त्वपूर्ण व्रत है, इसलिए इसे महाशिवरात्रि व्रत कहते हैं। कहा जाता है कि सृष्टि के आरंभ में इसी दिन मध्य रात्रि को भगवान् शिव का ब्रह्मा से रुद्र रूप में अवतरण हुआ था। प्रलय की बेला में इसी दिन प्रदोष के समय तांडव करते हुए भगवान् शिव ने ब्रह्मांड को अपने तीसरे नेत्र की ज्वाला से समाप्त कर दिया था, इसलिए भी इसे महाशिवरात्रि अथवा कालरात्रि कहा जाता है। महाशिवरात्रि शिव के लिंग रूप में उद्‌भव का दिन भी माना जाता है। यूं भी भगवान् शिव संहार, शक्ति और तमोगुण के अधिष्ठाता माने जाते हैं। इसलिए तमोमयी रात्रि से उनका स्नेह होना स्वाभाविक ही कहा जाएगा। यही कारण है कि उनकी आराधना न केवल रात्रि में ही किंतु सदैव प्रदोष काल में (रात्रि प्रारंभ होने का समय) करने का शास्त्र सम्मत विधान है।

भारतीय व्रतों में महाशिवरात्रि व्रत का बड़ा महत्त्व बताया गया है। जम्मू-कश्मीर में सबसे ज्यादा धूमधाम से महाशिवरात्रि मनाई जाती है। कश्मीरी पंडित तो इसे निरंतर सोलह दिनों तक मनाते रहते हैं, जिसमें शुरू से आखिर तक बेहद उत्साह और उत्सव का माहौल देखने को मिलता है। इस दौरान शिव-पार्वती के विवाह का समारोह वे पूरे चार दिन तक मनाते हैं। नेपाल का पशुपतिनाथ मंदिर इस बात का प्रत्यक्ष प्रमाण है कि भारत के बाहर के देशों में भी शिव आराधना की जाती है।

यद्यपि शिव का बाह्यय रूप अमंगल दिखने वाला होने पर भी वे भक्तों का मंगल ही करते हैं और ऐश्वर्य एवं संपत्ति प्रदान करते हैं। इसलिए उनको मंगलकारी और कल्याणकारी माना गया है। ऐसा कहा जाता है कि महाशिवरात्रि के बराबर कोई दूसरा पापनाशक व्रत नहीं है। इस व्रत को करके मनुष्य अपने सब पापों से छूट जाता है और अनंत फल को पाता है। जिसमें एक हजार अश्वमेध तथा सौ वाजपेय यज्ञ का फल सम्मिलित है। शास्त्रों के अनुसार जो मनुष्य 14 वर्ष तक निरंतर इस व्रत का पालन करता है, उसके कई पीढ़ियों के पाप नष्ट हो जाते हैं और उसको शिवलोक की प्राप्ति होती है।

उल्लेखनीय है कि महाशिवरात्रि का व्रत भगवान् शिव की पूजा-आराधना के निमित्त ही बनाया गया है। इस व्रत को भगवान् श्रीराम, राक्षसराज रावण, दक्ष कन्या सती, हिमालय कन्या पार्वती और विष्णु पत्नी लक्ष्मी ने भी किया है। जो मनुष्य शास्त्रानुसार इस व्रत में उपवास रखकर जागरण करते हैं, उनको अवश्य ही मोक्ष प्राप्त होता है। इस दिन पारद शिव लिंग का विधि-विधान से अभिषेक किया जाए, तो सैकड़ों गुना अधिक पुण्य प्राप्त होता है।

महाशिवरात्रि के दिन गंगास्नान का बड़ा माहात्म्य बताया गया है। शिवजी की पूजा में बेल पत्र को चढ़ाना विशेष महत्त्व रखता है। ऐसा विल्व पत्र जिसमें तीन या पांच पत्ते एक में हों तथा स्वच्छ हों। भक्त चढ़ाए गए बेल पत्र की संख्या के बराबर युगों तक कैलास में सुखपूर्वक वास करता है। श्रेष्ठ योनि में जन्म लेकर भगवान् शिव का परमभक्त होता है। उसके लिए विद्या, संपत्ति, भूमि, पुत्र सभी सुलभ रहते

हैं। पूजा में केवल तीन पत्तियों वाले या पांच पत्तियों वाले अखंडित बेलपत्र ही चढ़ाने का विधान शास्त्र सम्मत है। जो मन, वचन, कर्म से श्रद्धा और समर्पण के साथ भगवान् शिव को अर्पित किया गया है। शास्त्र के अनुसार बेल पत्र की तीन पत्तियों को शिव के त्रिनेत्र का प्रतीक माना गया है।

यूं तो महाशिवरात्रि के दिन भक्तगण अकसर भांग का सेवन भगवान् शिव का प्रसाद समझ कर करते हैं, लेकिन इस दिन बेर खाने का जो महत्त्व है, उतना किसी और चीज का नहीं। जो शिवभक्त महाशिवरात्रि का व्रत विधि पूर्वक संपन्न करता है, उसे सांसारिक कष्टों से मुक्ति मिल जाती है।

पूजन विधि-विधान : यह व्रत फाल्गुन मास के कृष्ण पक्ष की चतुर्दशी को मनाया जाता है। वास्तव में महाशिवरात्रि त्रयोदशी की रात को मानी जाती है, लेकिन सुविधा के अनुसार चतुर्दशी को मनाई जाती है। त्रयोदशी यानी तेरस को एक बार भोजन करके चतुर्दशी के दिन निराहार उपवास रख कर इसका व्रत शुरू करें। इस दिन प्रातःकाल दैनिक कार्यों से निपटकर काले तिलों का उबटन लगाकर स्नान करें। फिर स्वच्छ धुले हुए वस्त्र धारण करके मास पक्ष तिथि का उल्लेख करते हुए कहें कि पापों के नाश के लिए, भोगों की प्राप्ति हेतु तथा अक्षय मोक्ष प्राप्ति के लिए मैं महाशिवरात्रि के व्रत का संकल्प लेता हूं। इसके पश्चात् शिवजी का पूजन, गणेश, पार्वती, नंदी के साथ उनकी प्रिय चीजें जैसे आक व धतूरे के पुष्प, बेलपत्र, दूर्वा, कनेर, मौलसिरी, तुलसी दल आदि के साथ षोडशोपचार द्वारा विधि विधान से करें। इस दिन शिवजी पर पके आम्रफल चढ़ाना अधिक फलदायी होता है।

स्मरण रहे कि शिवलिंग पर चढ़ाए गए पुष्प, फल तथा दूध आदि के नैवेद्य को ग्रहण नहीं करने का विधान शास्त्र वर्णित है। भगवान् शिव की मूर्ति के पास शालग्राम की मूर्ति रखना अनिवार्य बताया गया है। यदि शिव की मूर्ति के पास शालग्राम हो तो नैवेद्य खाने का दोष नहीं लगता।

पूजन के बाद ब्राह्मणों को भोजन और दान देने की भी परंपरा है। कुछ भक्त इस व्रत के दिन शिव स्तोत्र, रुद्राष्टाध्यायी, शिवपुराण की कथा, शिव चालीसा का पाठ करते हैं। रात्रि जागरण का विधान पूरा करने के लिए भक्तगण भजन-कीर्तन का आयोजन करते हैं। इसके पश्चात् दूसरे दिन प्रातःकाल योग्य ब्राह्मणों द्वारा हवन और रुद्राभिषेक करके अन्न-जल ग्रहण कर पारण करें। अपनी सुविधानुसार यदि शिवमंदिर समीप में हो तो रुद्राभिषेक वहीं करावें अन्यथा घर पर पार्थिव बनाकर एकादश पाठ या 101 पाठ वैदिक ब्राह्मणों से करावें। भिन्न-भिन्न समस्याओं के लिए अभिषेक की भिन्न-भिन्न विधियां हैं, जैसे– मनोवांछित फल के लिए दुग्ध धारा से करें।

पौराणिक कथा : इस व्रत की कथा का उल्लेख लिंगपुराण में मिलता है–

प्राचीन काल में प्रत्यंत नामक देश में एक व्याघ्र (बहेलिया) रहता था। वह प्रतिदिन जीवों का शिकार कर अपने परिवार का पालन-पोषण करता था। एक दिन एक साहूकार ने उसे समय पर उधार रुपया वापस न कर सकने के कारण शिवमठ में बंदी बना लिया। संयोग से इस दिन फाल्गुन कृष्ण चतुर्दशी थी, इसलिए वहां धर्म और व्रत संबंधी चर्चाएं चल रही थीं। शिवरात्रि की व्रत कथा सुनने का उसे भी मौका मिला। फिर साहूकार ने अगले दिन रुपया अदा करने का वचन लेकर उसे छोड़ दिया। वह बहेलिया दिन भर शिकार की खोज में यहां-वहां वन में भटकता रहा, लेकिन उसे कोई शिकार न मिला। हारकर उसने एक जलाशय के किनारे रात्रि बिताने की सोची। उसने पास के बेल के पेड़ पर चढ़कर उसके पत्ते तोड़े और अपनी शय्या की तैयारी की। संयोग से पेड़ के नीचे शिवलिंग स्थापित था, जो बेल के पत्रों से ढक गया। बहेलिया दिन भर का भूखा था, उसके द्वारा शिवजी पर बेल पत्र भी चढ़ गए। इस प्रकार उसका शिवरात्रि का व्रत पूरा हो गया।

जब एक पहर बीत गया, तब बहेलिए की नजर सामने से आती एक हिरणी पर पड़ी। उसने उसे धनुष पर बाण चढ़ा कर मारना चाहा तो उस गर्भिणी हिरणी ने कहा कि आप मुझे अभी छोड़ देंगे तो मैं बच्चे को जन्म देकर शीघ्र ही वापस लौट आऊंगी। यदि मैं नहीं आई तो कृतघ्न को लगने वाला पाप मुझे लगे। यह सुनकर उस बहेलिए ने बाण वापस रख लिया। इस बीच वह शिव-शिव करता दूसरे शिकार की प्रतीक्षा करने लगा। इतने में आधी रात को दूसरी हिरणी आती हुई दिखाई दी, तो बहेलिए ने फिर बाण तान लिया। इस पर उस हिरणी ने उसे बताया कि वह ऋतुमती है। उसने पतिसंयोग के बाद दूसरे दिन वापस आने का वचन दिया, जिसे भी बहेलिए ने मान लिया।

तीसरे पहर पर जब एक और हिरणी अपने बच्चों के साथ उस जलाशय पर आई तो बहेलिए ने प्रसन्न होकर उनका शिकार करना चाहा। हिरणी ने जब अपने बच्चों के अनाथ होने की बात कही तो बहेलिए ने दयावश उसे भी छोड़ दिया। फिर प्रातःकाल से कुछ पहले एक हृष्ट-पुष्ट हिरण उसी जगह आ गया तो बहेलिए ने बाण उठाकर उसे मारना चाहा। वह हिरण बोला–'मैं उन तीनों हिरणियों का पति हूं। यदि आपने मुझे मार डाला तो वे जो प्रतिज्ञाएं आपसे कर गई हैं, वह पूरी नहीं हो पाएंगी। अतः जिस भाव से आपने उन्हें छोड़ा है, उसी भाव से थोड़े समय के लिए मुझे भी छोड़ दें। उन सबको इकट्ठा कर मैं शीघ्र ही यहां लौट आऊंगा।'

शिवरात्रि के व्रत के प्रभाव से बहेलिए के हृदय में दया ने स्थान बना लिया था। इसलिए उसने उस हिरण को भी छोड़ दिया। फिर शिवजी पर उसके द्वारा चढ़े बेल पत्रों का प्रभाव यह हुआ कि उसका हृदय निर्मल और पवित्र हो गया। वह अपने हिंसात्मक कर्मों पर पश्चात्ताप महसूस करने लगा। जब हिरण और हिरणियां तीनों थोड़ी देर बाद वहां उपस्थित हुए तो उस बहेलिए ने उन्हें मारने का इरादा बदल दिया। अपना धनुष-बाण तोड़कर फेंक दिया। बहेलिए की अहिंसक प्रवृत्ति को देखकर शिवजी प्रसन्न हुए और उन्होंने विमान भेजकर उसे तथा हिरण-हिरणियों को अपने लोक में बुला लिया। वहां पहुंचकर उन्होंने स्वर्ग के सुख भोगे।

होलिकोत्सव

(बुराई पर भलाई की जीत)

माहात्म्य : इस त्योहार का संबंध प्रह्लाद से जुड़ा हुआ बताया गया है। दैत्यराज हिरण्यकशिपु ने अपने विष्णु भक्त पुत्र प्रह्लाद को मारने के अनेक उपाय किए, लेकिन फिर भी वह असफल रहा तो उसने प्रह्लाद को अपनी बहन होलिका को सौंप दिया। होलिका को वरदान मिला हुआ था कि अग्नि उसे जला न सकेगी। होलिका प्रह्लाद को अपनी गोद में लेकर अग्नि के बीच जा बैठी। देवयोग से होलिका जल कर भस्म हो गई और प्रह्लाद जीवित बच गया। तभी से होली जलाने की परंपरा चल पड़ी, क्योंकि इसमें होलिका के रूप में बुराइयों को खत्म करने का महत्त्व छिपा हुआ है।

इस त्योहार के बारे में ऐसा भी कहा जाता है कि एक बार भगवान् शिव तपस्या करने में इतने लीन हो गए कि ब्रह्मांड को ही भूल गए, जिसके परिणामस्वरूप संसार-चक्र की प्रक्रिया को ही खतरा पैदा हो गया। तब उनका ध्यान भंग करने के लिए देवताओं ने कामदेव और उसकी पत्नी रति को भेजा। वे उनके सामने ही रति-क्रीड़ा में संलग्न होकर कामबाण छोड़ने लगे। ऐसा करने से जैसे ही भगवान् शिव का ध्यान भंग हुआ तो उनकी क्रोधाग्नि भड़क उठी, जिसके परिणामस्वरूप उनका तीसरा नेत्र खुल गया। उससे निकली ज्वाला में कामदेव भस्म हो गए। अपने पति की मृत्यु से दुखी होकर रति विलाप करने लगी। क्रोध के शांत होने पर भगवान् शिव ने रति को कामदेव से पुनर्मिलन का वरदान दिया, जिससे सृष्टि के विकास में उत्पन्न बाधा दूर हो गई। इससे हर्षोल्लास का वातावरण निर्मित हो गया। तभी से प्रतीक रूप में हर

वर्ष लकड़ियां जलाकर होली का त्योहार मनाने की परिपाटी का चलन चल पड़ा। दक्षिण भारत में आज भी होली का उत्सव मदन महोत्सव के नाम से विख्यात है।

भगवान् श्रीकृष्ण ने पूतना नामक राक्षसी का वध भी इसी दिन किया था। इसी खुशी में होली का त्योहार वृंदावन में मनाया जाता है। इसी पूर्णिमा को उन्होंने गोप और गोपियों के साथ रासलीला रचाई और दूसरे दिन रंग खेलने का उत्सव मनाया। ब्रज की होली आज भी प्रसिद्ध है।

वैदिक काल में होली के पर्व को 'नवान्नेष्टि यज्ञ' कहा जाता था। खेत से अधपके अन्न को यज्ञ में हवन करके प्रसाद लेने का विधान समाज में था। उस अन्न को होला कहते हैं। इसी से होलिकोत्सव नाम पड़ा। होली एक सामाजिक रंगों का त्योहार है, आनंदोल्लास का पर्व है। इसके समान आनंद और प्रसन्नता देने वाला दूसरा कोई त्योहार नहीं है। इसे सभी नर-नारी बड़े उत्साह से मनाते हैं। जाति भेद का कोई स्थान इस राष्ट्रीय त्योहार में नहीं होता। होलिका दहन से सारे अनिष्ट दूर हो जाते हैं। इसकी अग्नि से रोगों के कीटाणुओं का नाश होता है और अग्नि की परिक्रमा करने से उच्चताप के प्रभाववश शरीर से चिपके जीवाणुओं को नष्ट करने में सहायता मिलती है।

श्रीब्रह्म पुराण में लिखा है कि फाल्गुन पूर्णिमा के दिन जो लोग चित्त को एकाग्र करके हिंडोले में झूलते हुए श्रीगोविन्द पुरुषोत्तम के दर्शन करते हैं, वे निश्चय ही बैकुंठ लोक को जाते हैं। इस दिन आम्र मंजरी तथा चंदन को मिलाकर खाने का बड़ा माहात्म्य बताया गया है। इसी दिन मनु का जन्म भी हुआ था।

जो मनुष्य योनि नाम के मंत्र को बोलकर होली का पूजन करता है, उसे एक साल तक कोई पीड़ा नहीं होती तथा वह सुखी रहता है। धार्मिक दृष्टि से होली में लोग रंगों से बदरंग चेहरों और कपड़ों के साथ जो अपनी वेशभूषा बनाते हैं, वह भगवान् शिव के गणों की है। उनका नाचना, गाना, हुड़दंग मचाना शिव की बारात का दृश्य उपस्थित करता है। इसीलिए होली का संबंध भगवान् शिव से जोड़ा जाता है।

पूजन विधि-विधान : यह त्योहार फाल्गुन मास के शुक्ल पक्ष की अष्टमी पर्यंत आठ दिन होलाष्टक रूप में मनाया जाता है और पूर्णिमा को संपन्न होता है। इस प्रकार वसंत पंचमी से शुरू होकर यह पूर्णिमा तक चलता है। इस दिन गंध, पुष्प, धूप, नैवेद्य, दक्षिणा और फलों में नाममंत्र से होली का विधिवत् पूजन किया जाता है। योनि नामक मंत्र को जोर से उच्चारित कर पूजन करें। जलती होली में गेहूं, चने और जौ की बालों को भूनने का भी विधान है। कुछ श्रद्धालु होली की अग्नि से घर में बनाई गई होली को जलाते हैं तो कुछ होली की भस्म घर ले जाते हैं।

पौराणिक कथा : इस त्योहार की कथा का उल्लेख भविष्य पुराण में इस प्रकार हुआ है—

राजा युधिष्ठिर को होली के संबंध में कथा बताते हुए नारद ने कहा—''हे नराधिप! फाल्गुन की पूर्णिमा को सब मनुष्यों के लिए अभय दान देना चाहिए, जिससे समस्त प्रजा भय रहित होकर क्रीड़ा करे। डंडे और लाठी लेकर बालक शूरवीरों की तरह गांव के बाहर जाकर होली के लिए लकड़ी और उपलों का संचय करें। होलिका के दिन विधिवत हवन किया जाए। अट्टहास, खिलखिलाहटों और मंत्रोच्चारण से पापात्मा राक्षसी नष्ट हो जाती है। इस व्रत की व्याख्या से हिरण्यकशिपु की भगिनी अर्थात प्रह्लाद की बुआ जो उसे अग्नि में लेकर बैठी थी, प्रति वर्ष होलिका नाम से आज तक जलाई जाती है।

हे राजन्! इस हवन से संपूर्ण अनिष्टों का नाश होता है और यही होलिका उत्सव है। होली की ज्वाला की तीन परिक्रमा करके फिर हास-परिहास करना चाहिए।''

श्रीसत्यनारायण व्रत कथा

(मानसिक शांति, धन-वैभव की प्राप्ति एवं धर्म आस्था बढ़ाने के लिए)

माहात्म्य : सत्य ही नारायण है, यह भाव सत्यनारायण की कथा से उभरता है। सत्य को साक्षात् भगवान् मानकर जीवन में उसकी आराधना करना ही सत्यव्रत है। केवल वचन से ही सत्य का पालन नहीं हो जाता और न सत्य शब्दों के वश में होता है, अपितु जिससे धर्म की रक्षा और प्राणियों का हित होता है। एक सत्यव्रती अपने उत्तम व्यवहार और शुभ कर्मों से ही भगवान् की सच्ची पूजा करता है। लोग सत्यनारायण कथा के माध्यम से सत्यव्रत का सही रूप समझें, तो वे सच्चे अर्थों में सुख-समृद्धि के अधिकारी बन सकते हैं।

एक बार देवर्षि नारद ने मृत्युलोक पर दुखित मानव समाज की कष्ट निवृत्ति, प्राणियों के दुखों के निवारण का उपाय जब भगवान् विष्णु से पूछा तो उन्होंने कहा–

व्रतमस्ति महत्पुण्यं स्वर्गे मर्त्ये च दुर्लभम्।
तव स्नेहान्मता वत्स! प्रकाशः क्रियतेऽधुना ॥

अर्थात हे पुत्र! मृत्युलोक में ही नहीं बल्कि स्वर्ग में भी अति दुर्लभ बड़ा ही पवित्र एक व्रत है, जिसे मैं तुम्हारे स्नेह से प्रेरित होकर आज प्रकट करता हूं। 'श्रीसत्यनारायण व्रत' को विधि-विधान पूर्वक करने से इस लोक में सुख और अंत में सद्गति प्राप्त होती है। सत्य को ही भगवान् स्वरूप मानकर जो व्यक्ति इस व्रत को करता है, उसे प्रभु की कृपा का लाभ अवश्य मिलता है। प्रभु सत्य साधना से प्रसन्न होते हैं और उनकी कृपा से साधकों को लौकिक सुख और पारलौकिक शांति निश्चित रूप से मिलती है। सत्यव्रत को अपनाने वाला दरिद्र भी भगवान् की कृपा से धन-धान्य से परिपूर्ण हो जाता है। उसके पास से संसार के कष्ट, आपत्तियां डरकर भाग जाती हैं। वे विघ्न-बाधा रहित जीवन जीते हैं। उन्हें इच्छित फलों की प्राप्ति होती है तथा उनके पाप नष्ट हो जाते हैं।

शास्त्रकार ने लिखा है–

सत्यमेव जयते नानृतम्।

–मुंडकोपनिषद् 3/1/6

अर्थात सत्य की ही विजय होती है, असत्य की नहीं।

श्रीसत्यनारायण व्रत की कथा में विभिन्न कथानकों के माध्यम से एक ही तथ्य प्रमुखता से प्रकट होता है कि सत्यनिष्ठा अपनाने से इहलौकिक और पारलौकिक दोनों जीवन सुख शांतिमय बनते हैं और इस सत्यवृत्ति को छोड़ने से अनेक प्रकार के कष्टों को भोगना पड़ता है।

पूजन विधि-विधान : सामान्यतया यह व्रत संक्रांति, पूर्णिमा, अमावस्या, एकादशी में से किसी भी दिन सत्यदेव का पूजन करके कथा पाठ कर संपन्न किया जाता है, क्योंकि इन दिनों में किया गया व्रत विशेष फलदायी माना गया है। यूं तो किसी भी मंगल कार्य हेतु इसे कभी भी किया जा सकता है, लेकिन जिस दिन का संकल्प किया हो उसी दिन व्रत करना उचित है।

व्रत के दिन जो सामग्री लगती है, उसको पहले से इकट्ठा कर लें; जैसे–केले के पत्ते, आम के पत्ते तोरण के लिए, पंच पल्लव, कलश, नवग्रहों के लिए लाल कपड़ा, भगवान् के आसन के लिए सफेद कपड़ा, शालग्राम शिला, तुलसी दल, चंदन, चावल, अबीर, गुलाल, कुंकुम, लौंग, इलायची, नारियल, सुपारी, धूप, अगरबत्ती, पुष्प, अनेक मौसमी फल, केला, पंचामृत, दक्षिणा, नैवेद्य, पुण्याहवाचन, प्रसाद के लिए पंजीरी, मिष्ठान आदि।

इस दिन प्रातःकाल ब्रह्म मुहूर्त में उठकर नित्य कर्मों से निवृत्त होकर स्नान, संध्या करने के उपरांत श्रीसूर्य भगवान् को प्रणाम कर चंदन, अक्षत, धूप, दीप आदि से सूर्य की पूजा करके उनसे प्रार्थना करें कि मैं अपने इष्ट सिद्धि, सब आपत्तियों के नाश, सब पापों को दूर करने, मनोरथ सिद्धि आदि के लिए श्रीसत्यनारायण व्रत का पूजन करना चाहता हूं। अतः मैं सूर्य द्वारा सबको यथाशक्ति पत्र, पुष्प आदि श्रद्धापूर्वक अर्पण करता हूं, उसे स्वीकार कीजिए। फिर सभी ग्रहों को नमस्कार करके प्रार्थना करें। व्रती दिन भर निराहार रहकर भगवान् विष्णु का ध्यान व गुणगान करें। गौरी, गणेश, वरुण आदि पांचों लोकपाल और नवग्रहों का षोडशोपचार विधि से पूजन करें, फिर प्रार्थना और याचना करें कि वे बस उनको सिद्धि प्रदान करें। इसके पश्चात् भगवान् श्रीसत्यनारायण का ध्यान करते हुए व्रत की कथा को श्रद्धापूर्वक सुनें। कथा के बाद उनकी आरती उतारें और भक्तों में प्रसाद का वितरण करें।

पौराणिक कथा : यह कथा श्रीस्कंद पुराण के रेवा खंड से ली गई है—

प्राचीन काल में किसी समय काशीपुरी में शतानंद नाम का एक निर्धन ब्राह्मण रहता था। वह भीख मांग कर अपना गुजारा करता था। उसकी इस दशा से दुखी होकर भगवान् विष्णु ने एक बूढ़े ब्राह्मण का रूप धारण कर उसको सत्यनारायण व्रत का सविस्तार विधि-विधान बताया और अंतर्धान हो गए। शतानंद ने अपने मन में श्रीसत्यनारायण व्रत का संकल्प कर लिया जिसकी चिंता में वह रात भर सो न सका। ज्यों ही सवेरा हुआ तो वह इस व्रत के अनुष्ठान के उद्देश्य से भिक्षा मांगने निकला। उसे उस दिन भिक्षा में बहुत धन-धान्य मिला। संध्या के समय उसने घर पहुंचकर पूर्ण श्रद्धापूर्वक सत्यदेव का पूजन करके व्रत किया। व्रत के प्रभाव से वह कुछ ही दिनों में संपन्न हो गया। जब तक वह जीवित रहा, उसने नियमित रूप से प्रति मास इस व्रत को पूजन सहित किया और कथा सुनी। मृत्यु होने पर उसे विष्णुलोक में स्थान मिला।

ऋषियों के यह पूछने पर कि शतानंद के बाद इस व्रत को किसने किया, इसके उत्तर में सूतजी ने कहा—एक दिन जब शतानंद वैभववान होकर अपने बंधु-बांधवों के साथ एकाग्रमन से कथा सुन रहा था, उसी समय वहां भूख-प्यास से व्याकुल एक लकड़हारा आकर कथा सुनने बैठ गया। कथा के बाद उसने प्रसाद खाकर जल ग्रहण किया और शतानंद से जब इस व्रत का प्रयोजन पूछा तो उसने इसे मनोवांछित फल देने वाला बताया और अपनी पूर्व की कहानी बताई। उसके ऐश्वर्य प्राप्त करने की बात सुनकर उस लकड़हारे ने इस व्रत का विधि-विधान जाना और इसके पूजन का निश्चय करके लकड़ी बेचने चल पड़ा। भगवद्कृपा से उस दिन लकड़ियां दोगुने भाव में बिक गईं। लकड़हारे ने उन पैसों से व्रत पूजन की सारी सामग्री खरीद ली और घर आकर अपने भाई-बंधुओं व पड़ोसियों सहित विधिपूर्वक सत्यनारायण भगवान् का व्रत रखकर पूजन किया तथा कथा सुनी। सत्यदेव की कृपा और व्रत के प्रभाव से वह लकड़हारा कुछ ही समय में धनवान बनकर इस लोक के सारे सुख भोगने लगा। मरने के बाद उसे सत्यलोक में स्थान मिला।

इसके पश्चात् सूतजी ने एक और कथा का उल्लेख किया, जो इस प्रकार है—प्राचीन काल में उल्कामुख नामक एक राजा था, जो बड़ा ही सत्यवादी और संयमी था। उसकी रानी भी धर्मनिष्ठ थी। एक दिन वे दोनों भद्रशीला नदी के तट पर श्रीसत्यनारायण की कथा सुन रहे थे कि वहां एक वैश्य आ पहुंचा। अपनी रत्नों से भरी नौका को किनारे पर बांधकर वह भी पूजा में सम्मिलित हो गया। वहां का चमत्कार देखकर उस वैश्य ने राजा से जिज्ञासावश पूछा कि यह कौन-सा पूजन है? तब राजा ने बताया कि हम अतुल तेजवान भगवान् विष्णु का पूजन कर रहे हैं, जिसके करने और व्रत धारण करने से मनोवांछित फल मिलता है। व्रत की महिमा सुनकर वह वैश्य अपने घर लौट गया। घर पहुंचकर इस सारे वृत्तांत को उसने अपनी पत्नी को बताया। उसने यह संकल्प भी लिया कि जब मेरे घर संतान होगी तब मैं इस व्रत को करूंगा। सत्यनारायण भगवान् की कृपा से उसकी पत्नी गर्भवती हुई और दस माह में उसने एक कन्या को जन्म दिया। चंद्रकलाओं की भांति दिन-प्रतिदिन बढ़ने वाली इस कन्या का नाम कलावती रखा गया। वैश्य की स्त्री लीलावती ने उसे इस व्रत के संकल्प का स्मरण कराया तो उसने कन्या के विवाह के समय व्रत करने को कहा। फिर वह अपने काम-धंधे में व्यस्त हो गया। जब कलावती का विवाह हो गया तो लीलावती ने फिर से पति को स्मरण कराया। वैश्य अपने दामाद के साथ समुद्र पार व्यापार करने के लिए बिना व्रत किए चला गया। इस कारण सत्यनारायण उस पर अप्रसन्न हो गए।

जिस स्थान पर वैश्य अपने दामाद को लेकर व्यापार करने गया था, उस रत्नासारपुर नगर के राजा चंद्रकेतु के राज्य में चोरी हो गई। जब राजा के सिपाहियों ने चोरों का पीछा किया तो वे चोरी किया हुआ सारा धन, रत्न आदि पकड़े जाने के डर से भागते-भागते वैश्य के डेरे में फेंक गए। जब राजा के सैनिक उसके डेरे में खोजते हुए पहुंचे तो राजा का धन वहां मिल गया। इस पर दोनों वैश्यों को चोर समझकर सिपाही उन्हें पकड़कर ले गए और उन्हें कारागार में डाल दिया। राजा ने वैश्य का सारा धन जब्त कर राजकोष में रखवा दिया।

इधर लीलावती और कलावती भी भगवान् सत्यनारायण के कोप के कारण बुरे दिन देखने लगीं। तब उन्हें अपनी गलती का स्मरण हो आया। उन्होंने अपने पति के संकल्प को पूरा न करने पर भगवान् सत्यनारायण से क्षमा मांगकर व्रत पूरे विधि-विधान से किया तो वे प्रसन्न हुए और राजा चंद्रकेतु को स्वप्न में दर्शन देकर कहा कि सवेरा होते ही वह कारागार में बंदी दोनों वैश्यों को उनका धन लौटा दे। राजा ने वैसा ही किया जैसा आदेश भगवान् ने उसे दिया था। वैश्य और उसका दामाद दोनों प्रसन्नतापूर्वक अपना धन नौकाओं में भरकर घर की ओर लौट पड़े।

इसी बीच श्रीसत्यनारायण ने उनकी परीक्षा लेने के लिए एक वृद्ध का रूप धारण किया और उनके निकट पहुंचकर उनसे पूछा कि तुम्हारी नौका में क्या भरा है? इस पर वे हंसकर बोले–''कुछ नहीं, घास-फूस और फूल-पत्ते हैं, महाराज।'' 'तथास्तु' कहकर वह वृद्ध वहां से चल दिया। अपनी नौका को हलकी जानकर उन्होंने देखा कि बहुमूल्य चीजों के स्थान पर नौका में घास-फूस और पत्र-पुष्प ही भरा था। दामाद और वैश्य समझ गए कि उनके झूठ बोलने का ही यह परिणाम हुआ है। बस फिर क्या था, वे दोनों उस वृद्ध के पैर पकड़कर माफी मांगने लगे। करुणाकर भगवान् ने द्रवित होकर फिर से उन्हें वरदान दिया और अंतर्धान हो गए। वैश्य की नौका फिर से धन से परिपूर्ण हो गई। तब उन्होंने वहीं ठहरकर भगवान् का व्रत किया, कथा सुनी और तत्पश्चात् घर की ओर चल पड़े।

लीलावती को अपने पति के वापस लौटने का समाचार मिला तो उसने श्रीसत्यनारायण की कथा सुनते हुए अपनी पुत्री कलावती को उनके स्वागत के लिए कहा। पति और पिता के आगमन की बात सुनकर कलावती कथा का प्रसाद लिए बिना ही उनके स्वागत के लिए दौड़ पड़ी। परंतु जैसे ही नदी के पास पहुंची तो वैश्य के दामाद की नौका जल में डूब गई। यह दृश्य देखकर लीलावती और कलावती छाती पीट-पीट कर, दहाड़े मारकर रोने लगीं। इसी बीच आकाशवाणी हुई कि ''हे वणिक! तेरी कन्या सत्यदेव के प्रसाद को छोड़कर उसका अनादर करके पति से मिलने के लिए दौड़ पड़ी थी। यदि वह घर जाकर अब भी प्रसाद ग्रहण कर ले और फिर आए तो उसका पति जी उठेगा।'' यह सुनते ही कलावती घर की ओर दौड़कर गई। उसने प्रसाद ग्रहण किया और अपने पिता तथा पति के लिए भी ले आई। तब सभी ने देखा कि उसके पति की डूबी हुई नौका जल से स्वतः ही बाहर निकल आई है। फिर तो उस वैश्य व उसके दामाद के परिवार ने जीवनपर्यंत इस व्रत को किया और कथा कराई।

इसके बाद सूतजी ने एक कथा और बताई–एक बार तुंगध्वज नामक एक राजा वन में शिकार खेलने गया। वहां उसने अनेक जानवरों का शिकार किया। जब वह लौट रहा था तो उसने एक बरगद के पेड़ के नीचे बहुत-से लोगों को श्रीसत्यनारायण व्रत की कथा करते देखा। राजा ने न तो भगवान् को नमस्कार किया और न ही उन लोगों के दिए प्रसाद को स्वीकार कर सेवन किया। अपने महल में लौटने पर जब

उसे ज्ञात हुआ कि पुत्र-पौत्र, धन-संपत्ति सभी कुछ नष्ट हो गया है, तो वन की घटना का उसे तुरंत ही स्मरण हो आया। वह फिर वन में लौटा और भगवान् सत्यनारायण के व्रत का पूजन किया। कथा कराई तो उसके प्रभाव से उसका सारा राज्य, धन-संपत्ति के अलावा राजवंश ज्यों-का-त्यों व्यवस्थित मिला। तब से राजा ने समय-समय पर जीवन-पर्यंत श्रीसत्यनारायण का व्रत पूजन कर कथा कराई और सुखमय जीवन व्यतीत किया। मरणोपरांत यह मोक्ष का भागी बना।

बोलो सत्यनारायण भगवान् की जय! वृंदावन बिहारी लाल की जय!

श्री गणेश जी की आरती

जय गणेश, जय गणेश, जय गणेश देवा।
माता जाकी पारवती, पिता महादेवा॥
एक दंत दयावंत, चार भुजा धारी।
माथे सिंदूर सोहै, मूसे की सवारी ॥   जय गणेश॰ ॥

अंधन को आंख देत, कोढ़िन को काया।
बांझन को पुत्र देत, निर्धन को माया ॥   जय गणेश॰ ॥

पान चढ़े, फूल चढ़े और चढ़े मेवा।
लड्डुअन को भोग लगे, संत करें सेवा ॥   जय गणेश॰ ॥

जय गणेश, जय गणेश, जय गणेश देवा।
माता जाकी पारवती, पिता महादेवा ॥   जय गणेश॰ ॥

बोलो श्री गणेश महाराज की जय!

श्रीगणेश मंत्र
॥ ॐ गं गणपतये नमः ॥

श्लोक
गजाननं भूतगणादिसेवितं कपित्थजम्बू फल चारु भक्षणम्।
उमासुतं शोकविनाशकारकं नमामि विघ्नेश्वर पादपंकजम् ॥
वर्णानामर्थसंघानां   रसानां   छन्दसामपि।
मंगलानां   च   कर्तारौ   वन्दे वाणीविनायकौ ॥

श्री जगदीश्वर जी की आरती

ओ३म् जय जगदीश हरे, स्वामी जय जगदीश हरे।
भक्त जनों के संकट, क्षण में दूर करे॥
ॐ जय॰

जो ध्यावे फल पावे, दुख बिनसे मन का, स्वामी दुख...।
सुख संपति घर आवे, कष्ट मिटे तन का॥
ॐ जय॰

मात-पिता तुम मेरे शरण गहूं किसकी, स्वामी शरण...।
तुम बिन और न दूजा, आस करूं जिसकी॥
ॐ जय॰

तुम पूरण परमात्मा, तुम अंतर्यामी, स्वामी तुम...।
पारब्रह्म परमेश्वर, तुम सबके स्वामी॥
ॐ जय॰

तुम करुणा के सागर, तुम पालन कर्ता, स्वामी तुम...।
मैं मूरख खल कामी, कृपा करो भता॥
ॐ जय॰

तुम हो एक अगोचर, सबके प्राणपती, स्वामी सब...।
किस विधि मिलूं दयामय! तुमको मैं कुमती॥
ॐ जय॰

दीनबन्धु दुख हर्ता, तुम रक्षक मेरे, स्वामी तुम...।
अपने हाथ उठाओ, द्वार पड़ा तेरे॥
ॐ जय॰

विषय-विकार मिटाओ, पाप हरो देवा, स्वामी पाप...।
श्रद्धा भक्ति बढ़ाओ, संतन की सेवा॥
ॐ जय॰

तन, मन, धन जो कुछ है, सब ही है तेरा, स्वामी सब...।
तेरा तुझको अर्पित, क्या लागे मेरा॥
ॐ जय॰

ओ३म् जय जगदीश हरे, स्वामी जय जगदीश हरे।
भक्तजनों के संकट, क्षण में दूर करे॥
ॐ जय॰

श्री शिव जी की आरती

जय शिव ओंकारा, प्रभु जय शिव ओंकारा।
ब्रह्मा, विष्णु, सदा शिव अर्द्धांगी धारा॥
ॐ हर हर॰

एकानन चतुरानन पंचानन राजे।
हंसासन गरुड़ासन वृषवाहन साजे॥
ॐ हर हर॰

दो भुज चारु चतुर्भुज दसभुज ते सोहे।
तीनों रूप निरखते त्रिभुवन जन मोहे॥
ॐ हर हर॰

अक्षमाला बनमाला मुण्डमाला धारी।
चंदन मृग मद सोहे भोले शुभकारी॥
ॐ हर हर॰

श्वेताम्बर पीताम्बर बाघाम्बर अंगे।
ब्रह्मादिक सनकादिक प्रेतादिक संगे॥
ॐ हर हर॰

कर के मध्य कमण्डलु, चक्र त्रिशूल धारी।
सुखकारी दुखहारी जग पालन कारी॥
ॐ हर हर॰

ब्रह्मा, विष्णु, सदा शिव जानत अविवेका।
प्रणवाक्षर ॐ मध्ये ये तीनों एका॥
ॐ हर हर॰

त्रिगुण स्वामी की आरती जो कोई नर गावे।
कहत शिवानंद स्वामी मनवांछित फल पावे॥
ॐ हर हर॰

बोलो भगवान् ब्रह्मा, विष्णु, महेश की जय!

पंचाक्षर मंत्र

॥ ॐ नमः शिवाय ॥

श्लोक

कर्पूरगौरं करुणावतारं संसारसारं भुजगेन्द्रहारम्।
सदा वसन्तं हृदयारविन्दे भवं भवानी सहितं नमामि॥

श्री सत्यनारायण जी की आरती

जय लक्ष्मी रमणा, स्वामी जय लक्ष्मी रमणा।
सत्यनारायण स्वामी, जन-पातक-हरणा॥
जय॰

रत्न जड़ित सिंहासन, अद्भुत छवि राजे।
नारद कहत निरंजन, घंटा ध्वनि बाजे॥
जय॰

प्रकट भए कलिकारन, द्विज को दरश दियो।
बूढ़ो ब्राह्मण बनकर, कंचन महल कियो॥
जय॰

दुर्बल भील कठारो, जिन पर कृपा करी।
चंद्रचूड़ इक राजा, जिनकी विपति हरी॥
जय॰

वैश्य मनोरथ पायो, श्रद्धा तज दीन्ही।
सो फल भोग्यो प्रभुजी, फिर स्तुति कीन्ही॥
जय॰

भाव-भक्ति के कारण, छिन-छिन रूप धर्‌यो।
श्रद्धा धारण कीनी, तिन को काज सर्‌यो॥
जय॰

ग्वाल-बाल संग राजा, बन में भक्ति करी।
मनवांछित फल दीना, दीनदयालु हरी॥
जय॰

चढ़त प्रसाद सवायो, कदली फल मेवा।
धूप-दीप-तुलसी से, राजी सत्यदेवा॥
जय॰

सत्यनारायणजी की आरति जो कोई नर गावे।
ऋद्धि-सिद्धि सुख-संपत्ति जी भरके पावे॥
जय॰

बोलो सत्यनारायण भगवान् की जय!

माँ अम्बा जी की आरती

ॐ जय अंबे गौरी मैया जय श्यामा गौरी।
तुमको निशिदिन ध्यावत, हरि ब्रह्मा शिवजी॥
ॐ जय अंबे॰

मांग सिंदूर विराजत, टीको मृगमद को।
उज्ज्वल से दोउ नयना, चंद्रवदन नीको॥
ॐ जय अंबे॰

कनक समान कलेवर, रक्तांबर राजे।
रक्त पुष्प गलमाला, कण्ठन पर साजे॥
ॐ जय अंबे॰

केहरि वाहन राजत, खड्ग खप्पर धारी।
सुर नर मुनि जन सेवत, तिनके दुख हारी॥
ॐ जय अंबे॰

कानन कुंडल शोभित, नासाग्रे मोती।
कोटिक चंद्र दिवाकर, सम राजत जोती॥
ॐ जय अंबे॰

शुम्भ-निशुम्भ विदारे, महिषासुर घाती।
धूम्र-विलोचन नयना, निशिदिन मदमाती॥
ॐ जय अंबे॰

चंड-मुंड संहारे, शोणित बीज हरे।
मधु कैटभ दोउ मारे, सुर-भय दूर करे॥
ॐ जय अंबे॰

ब्रह्माणी रुद्राणी, तुम कमला रानी।
आगम-निगम बखानी, तुम शिव पटरानी॥
ॐ जय अंबे॰

चौंसठ योगिनि गावत, नृत्य करत भैरों।
बाजत ताल मृदंगा, और बाजत डमरू॥
ॐ जय अंबे॰

तुम हो जग की माता, तुम ही हो भरता।
भक्तन की दुख हरता, सुख सम्पति करता॥
ॐ जय अंबे॰

भुजा चार अति शोभित, वर मुद्रा धारी।
मनवांछित फल पावत, सेवत नर-नारी॥
ॐ जय अंबे॰

कंचन थाल विराजत, अगर कपूर बाती।
मालकेतु में राजत, कोटिरतन ज्योती॥
ॐ जय अंबे॰

माँ अंबे जी की आरति, जो कोई नर गावे।
कहत शिवानंद स्वामी, सुख-संपति पावे॥
ॐ जय अंबे॰

माँ सरस्वती जी की आरती

ॐ जय सरस्वती माता, जय-जय हे सरस्वती माता।
सद्गुण वैभव शालिनि, त्रिभुवन विख्याता॥
ॐ जय॰

चंद्रवदनि पद्मासिनि, द्युति मंगलकारी।
सोहे शुभ हंस सवारी, अतुल तेजधारी॥
ॐ जय॰

बाएं कर में वीणा, दाएं कर माला।
शीश मुकुट मणि सोहे, गल मोतियन माला॥
ॐ जय॰

देवि शरण जो आए, उनका उद्धार किया।
पैठि मंथरा दासी, रावण संहार किया॥
ॐ जय॰

विद्या ज्ञान प्रदायिनि, ज्ञान प्रकाश भरो।
मोह और अज्ञान तिमिर का, जग से नाश करो॥
ॐ जय॰

धूप दीप फल मेवा, माँ स्वीकार करो।
ज्ञानचक्षु दे माता, जग विस्तार करो॥
ॐ जय॰

माँ सरस्वती की आरति, जो कोई जन गावे।
हितकारी सुखकारी, ज्ञान भक्ति पावे॥
ॐ जय॰

बोलो माँ शारदे की जय!

श्लोक

या कुन्देन्दुतुषारहारधवला या शुभ्रवस्त्रावृता।
या वीणावरदण्डमण्डितकरा या श्वेतपद्मासना॥
या ब्रह्माच्युत शंकरप्रभृतिभिर्देवैः सदा वंदिता।
सा माम पातु सरस्वती भगवती निःशेष जाड्यापहा॥

भगवती महालक्ष्मी जी की आरती

ॐ जय लक्ष्मी माता, मैया जय लक्ष्मी माता।
तुमको निशिदिन सेवत, हर विष्णु धाता॥
ॐ जय॰

उमा रमा ब्रह्माणी, तुम ही जग-माता।
सूर्य चंद्रमा ध्यावत, नारद ऋषि गाता॥
ॐ जय॰

दुर्गा रूप निरंजनि, सुख-संपति दाता।
जो कोई तुमको ध्याता, ऋद्धि-सिद्धि पाता॥
ॐ जय॰

तुम पाताल निवासिनि, तुम ही शुभ दाता।
कर्म-प्रभाव-प्रकाशिनि, भव-निधि की त्राता॥
ॐ जय॰

जिस घर में तुम रहती, सब सद्गुण आता।
सब संभव हो जाता, मन नहीं घबराता॥
ॐ जय॰

तुम बिन यज्ञ न होवे, अस्त्र न कोई पाता।
खाना-पान का वैभव, सब तुमसे आता॥
ॐ जय॰

शुभगुण मंदिर सुंदर, क्षीरोदधि-जाता।
रत्न चतुर्दश तुम बिन, कोई नहीं पाता॥
ॐ जय॰

महालक्ष्मी जी की आरति, जो कोई नर गाता।
उर आनंद समाता, पाप उतर जाता॥
ॐ जय॰

बोलो भगवती महालक्ष्मी की जय!

श्लोक

विष्णुप्रिये नमस्तुभ्यं नमस्तुभ्यं जगद्पते।
आर्तहंत्रि नमस्तुभ्यं समृद्धं कुरु मे सदा॥
नमो नमस्ते महामाये श्रीपीठे सुरपूजिते।
शंखचक्रगदाहस्ते महालक्ष्मि नमोऽस्तु ते॥

माता पार्वती जी की आरती

ॐ जय पार्वती माता, मैया जय गौरा माता।
ब्रह्म सनातन देवी, शुभफल की दाता॥
ॐ जय॰

अरिकुल कंटक नाशिनि, जय सेवक त्राता।
जग-जननी जगदम्बा, हरिहर गुण गाता॥
ॐ जय॰

सिंह को वाहन साजे, कुण्डल है साथा।
देववधू जस गावत, नृत्य करत ताथा॥
ॐ जय॰

सतयुग रूपशील अतिसुन्दर, नाम सती कहलाता।
हेमांचल घर जन्मी, सखियन संग राता॥
ॐ जय॰

शुम्भ-निशुम्भ विदारे, हेमांचल स्थाता।
सहस्र भुजा तनु धरिके, चक्र लियो हाथा॥
ॐ जय॰

सृष्टि रूप तू ही है जननी, शिव संग रंगराता।
नन्दी भृंगी बीन लही, सारा जग मदमाता॥
ॐ जय॰

देवन अरज करत हम, चरण ध्यान लाता।
तेरी कृपा रहे तो, मन नहिं भरमाता॥
ॐ जय॰

मैयाजी की आरति भक्तिभाव से, जो कोई नर गाता।
नित्य सुखी रह करके, धन सम्पति पाता॥
ॐ जय॰

श्लोक

नमोऽस्तुते महादेवि सुप्रीता मे सदा भव।
प्रयच्छ त्वं वरं ह्मयायुः पुष्टिं चैव क्षमां धृतम्॥
जननी सिद्धसैन्यस्य सिद्ध चारण सेविताम्।
चरां कुमारप्रभवां पार्वतीं पर्वतात्मजाम्॥

माता संतोषी जी की आरती

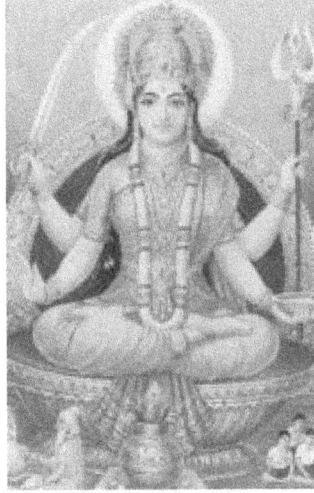

जय संतोषी माता, मैया जय संतोषी माता।
अपने सेवक जन की, सुख संपति दाता॥
जय॰

सुंदर चीर सुनहरी, माँ धारण कीन्हों।
हीरा पन्ना दमकें, तन शृंगार लियो॥
जय॰

गेरू लाल छटा छबि, बदन कमल सोहे।
मंद हंसत करुणामयि, त्रिभुवन मन मोहे॥
जय॰

स्वर्ण सिंहासन बैठी, चंवर ढुरे प्यारे।
धूप दीप मधु मेवा, भोग धरे न्यारे॥
जय॰

गुड़ अरु चना-परमप्रिय, तामें संतोष कियो।
संतोषी कहलाईं, भक्तन विभव दियो॥
जय॰

शुक्रवार प्रिय मानत, आज दिवस सोही।
भक्तमंडली छाई, कथा सुनत मोही॥
जय॰

मंदिर जगमग ज्योति, मंगल ध्वनि छाई।
विनय करें हम बालक, चरनन सिर नाई॥
जय॰

भक्ति भावमय पूजा, अंगीकृत कीजै।
जो मन बसै हमारे, इच्छा फल दीजै॥
जय॰

दुखी, दरिद्री, रोगी, संकट मुक्त किए।
बहु धन-धान्य भरे घर, सुख सौभाग्य दिए॥
जय॰

ध्यान धर्यो जिस नर ने, वांछित फल पायो।
पूजा कथा श्रवण कर, घर आनंद आयो॥
जय॰

शरण गहे की लज्जा, राखियो जगदंबे।
संकट तू ही निवारे, दयामयी अंबे॥
जय॰

संतोषी माँ की आरति, जो कोई नर गावे।
ऋद्धि-सिद्धि सुख-संपति, जी भर के पावे॥
जय॰

बोलो संतोषी माता की जय!

भगवान् श्रीरामचंद्र जी की आरती

श्री रामचंद्र कृपालु भजु मन, हरण भव भय दारुणम्।
नव कंज लोचन, कंज मुख, कर कंज, पद कंजारुणम्॥

कंदर्प अगणित अमित छवि, नव नील नीरज सुंदरम्।
पट पीत मानहुं तड़ित रुचि सुचि नौमि जनक सुतावरम्॥

भजु दीनबंधु दिनेश दानव दुष्ट दलन निकंदनम्।
रघुनंद आनंद कंद कौशलचंद्र दशरथ नंदनम्॥

सिर मुकुट कुंडल तिलक चारु उदारु अंग विभूषणम्।
अजानु भुज सर-चाप धर, संग्राम जित खरदूषणम्॥

इति बदति तुलसीदास शंकर शेष मुनिमन रंजनम्।
मम हृदय कंज निवास कुरु कामादि खल दल गंजनम्॥

मन जाहि राचेउ मिलहि सो बर सहज सुंदर सांवरो।
करुणा निधान सुजान सीलु सनेहु जानत रावरो॥

एहि भांति गौरि असीस सुनि सिय सहित हिय हरषीं अली।
तुलसी भवानिहि पूजि पुनि पुनि-मुदित मन मंदिर चली॥

जानि गौरि अनुकूल सिय हिय हरषु न जाइ कहि।
मंजुल मंगल मूल बाम अंग फरकन लगे॥

बोलो सियावर रामचंद्र भगवान् की जय!

श्लोक

रामो राजमणि सदाविजयते रामं रमेशं भजे,
रामेणाभिहिता निशाचर चमू एमाय तस्मै नमः।
रामान्नास्ति परायणं पातरं रामस्य दासोस्म्यहम्,
रामेचित्तलयः सदा भवतु मे भो राम। मामुहरः॥

श्रीकृष्ण जी की आरती

आरती कुंज बिहारी की।
श्री गिरधर कृष्ण मुरारी की॥

गले में बैजंती माला।
बजावे मुरली मधुर बाला॥

श्रवण में कुंडल झलकाला।
नंद के नंद श्री आनंद कंद॥
आरती कुंज बिहारी॰

राधिका रमण बिहारी की।
श्री गिरधर कृष्ण मुरारी की॥

गगन सम अंग कांति काली।
राधिका चमक रही आली॥

लतन में ठाढ़े बनमाली।
चंद्र सी अलग, चंद्र सी झलक॥
आरती कुंज बिहारी॰

ललित छवि श्यामा प्यारी की।
श्री गिरधर कृष्ण मुरारी की॥

जहां ये प्रकट भई गंगा।
कलुष कलि हारी श्री गंगा॥

मरण पर होत मोह भंगा।
बसी शिव शीश जटा के बीच॥
आरती कुंज बिहारी॰

चरण छबि श्री बनवारी की।
श्री गिरधर कृष्ण मुरारी की॥

श्लोक

अरुणाधरामृत विशेषस्तिम्,
वरुणालयानुगत वर्ण वैभवम्।
तरुणारविन्द दल दीर्घ लोचनम्,
करुणामयं कमपि बालमाश्रये॥

श्री बजरंग बली जी की आरती

आरति कीजै हनुमान लला की।
दुष्ट दलन रघुनाथ कला की ॥

जाके बल से गिरवर कांपे।
रोग-दोष जाके निकट न झांके ॥

अंजनिपुत्र महा बलदाई।
संतन के प्रभु सदा सहाई ॥

दे बीरा रघुनाथ पठाये।
लंका जारि सिया सुधि लाये ॥

लंका सो कोट समुद्र सी खाई।
जात पवनसुत बार न लाई ॥

लंका जारि असुर सब मारे।
सीता राम जी के काज संवारे ॥

लक्ष्मण मुरछि परे धरणी में।
आन सजीवन प्राण उबारे ॥

पैठि पताल तोरि यमकातर।
अहिरावण के भुजा उखारे ॥

बाएं भुजा असुर संहारे।
दाहिने भुजा सब सन्त उबारे ॥

सुर नर मुनि जन आरति उतारें।
जै जै जै हनुमान जी उचारें ॥

कंचन थार कपूर की बाती।
आरती करत अंजनी माई ॥

जो हनुमान जी की आरति गावे।
बसि बैकुंठ अमर पद पावे ॥

हनुमान चालीसा

दोहा

श्री गुरु चरन संरोज रज, निज मन मुकुर सुधारि।
वरनऊं रघुवर विमल जसु, जो दायक फल चारि॥
बुद्धिहीन तनु जानिके, सुमरो पवन-कुमार।
बल बुद्धि विद्या देहु मोहि, हरहु कलेस विकार॥

चौपाई

जय हनुमान ज्ञान गुन सागर। जय कपीस तिहुं लोक उजागर॥
रामदूत अतुलित बलधामा। अंजनि पुत्र पवन सुत नामा॥
महावीर विक्रम बजरंगी। कुमति निवार सुमति के संगी॥
कंचन वरन विराज सुवेसा। कानन कुण्डल कुंचित केसा॥
हाथवज्र औ ध्वजा विराज। कांधे मूंज जनेऊ साजै॥
संकर सुवन केसरी-नन्दन। तेज प्रताप महा जगबन्दन॥
विद्यावान गुनो अति चातुर। राम काज करिवे को आतुर॥
प्रभु चरित्र सुनिवे को रसिया। राम लखन सीता मन बसिया॥

सूक्ष्म रूप धरि सियहिं दिखावा। बिकट रूप धरि लंक जरावा॥
भीम रूप धरि असुर संहारे। रामचन्द्र के काज संवारे॥
लाय संजीवन लखन जियाये। श्री रघुवीर हरषि उर लाये॥
रघुपति कीन्ही बहुत बढ़ाई। तुम मम प्रिय भरतहि सम भाई॥
सहस बदन तुम्हरो जस गावैं। अस कहि श्रीपति कंठ लगावैं॥
सनकादिक ब्रह्मादि मुनीसा। नारद सारद सहित अहीसा॥
जम कुबेर दिगपाल जहां ते। कवि कोविद कहि सके कहां ते॥
तुम उपकार सुग्रीवहिं कीन्हा। राम मिलाय राज पद दीन्हा॥
तुम्हरो मन्त्र विभीषण माना। लंकेश्वर भए सब जग जाना॥
जुग सहस्र योजन पर भानू। लील्यो ताहि मधुर फल जाए॥
प्रभु मुद्रिका मेल मुख मांहीं। जलधि लांघि गये अचरज नाहीं॥
दुर्गम काज जगत के जेते। सुगम अनुग्रह तुम्हरे तेते॥
राम दुआरे तुम रखवारे। होत न आज्ञा बिनु पैसारे॥
सब सुख लहैं तुम्हारी सरना। तुम रक्षक काहू को डरना॥
आपन तेज सम्हारो आपै। तीनों लोक हांक ते कांपै॥
भूत पिसाच निकट नहिं आवै। महावीर जब नाम सुनावै॥
नासै रोग हरै सब पीरा। जपत निरन्तर हनुमत वीरा॥
संकट तें हनुमान छुड़ावैं। मन क्रम वचन ध्यान जो लावै॥
सब पर राम तपस्वी राजा। तिनके काज सकल तुम साजा॥
और मनोरथ जो कोई लावै। सोइसु अमित जीवन फल पावै॥
चारों युग प्रताप तुम्हारा। है प्रसिद्ध जगत उजियारा॥
साधु सन्त के तुम रखवारे। असुर निकन्दन राम दुलारे॥
अष्ट सिद्धि नौ निधि के दाता। अस बर दीन्ह जानकी माता॥
राम रसायन तुम्हरे पासा। सदा रहो रघुपति के दासा॥
तुम्हरे भजन राम को भावें। जन्म जन्म के दुख बिसरावें॥
अंतकाल रघुवर पुर जाई। जहां जन्म हरि भक्त कहाई॥
और देवता चित्त न धरई। हनुमत सेई सर्व सुख करई॥
संकट कटै मिटै सब पीरा। जो सुमिरै हनुमत बलबीरा॥
जय जय जय हनुमान गोसाईं। कृपा करह गुरु देव की नाईं॥
जो सत बार पाठ कर कोई। छूटहिं बंदि महासुख होई॥
जो यह पढ़े हनुमान चलीसा। होय सिद्धि साखी गौरीसा॥
तुलसीदास सदा हरि चेरा। कीजै नाथ हृदय महं डेरा॥

दोहा

पवन तनय संकट हरन, मंगल मूरति रूप।
राम लखन सीता सहित, हृदय बसहु सुर भूप॥

अन्त में....

हमें विश्वास है कि प्रस्तुत पुस्तक में आपके तीज-त्योहारों संबंधी संपूर्ण जिज्ञासाओं का समाधान मिल गया होगा। हिन्दुओं के व्रत संबंधी अन्य विधि-विधान के लिए आप हमारें यहाँ से प्रकाशित व्रत संबंधी दूसरी पुस्तक लेकर अपने ज्ञान में वृद्धि कर सकते हैं।

क्षेत्रीय भाषा

बंग्ला भाषा

कन्नड़ भाषा

तमिल भाषा

गुजराती भाषा

Learn in Gujrati 1. Chanakya's ways of mana-ging public administration

2. How to Sharpen Your Memory

मराठी भाषा

प्रश्नोत्तरी की पुस्तकें

रहस्य

ड्राइंग बुक्स

आत्म कथाएं

उद्धरण/सुक्तियाँ

पहेलियां

एक्टिविटीज बुक

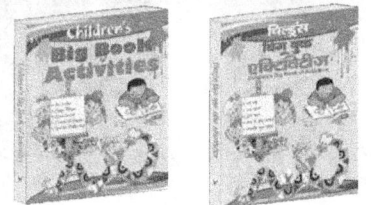

हमारी सभी पुस्तकें www.vspublishers.com पर उपलब्ध हैं

छात्र विकास/लर्निंग

क्लासिक श्रृंखला

जादू एवं तथ्य

संगीत

हमारी सभी पुस्तकें www.vspublishers.com पर उपलब्ध हैं

www.ingramcontent.com/pod-product-compliance
Lightning Source LLC
Chambersburg PA
CBHW051226200326
41519CB00025B/7264
* 9 7 8 9 3 5 0 5 7 6 4 8 9 *